慕课版

立体化服务，从入门到精通

Python

数据分析案例实战

王浩 袁琴 张明慧 ◎ 主编　　吴琰 苏健光 ◎ 副主编

明日科技 ◎ **策划**

U0277791

人民邮电出版社

北京

图书在版编目（ＣＩＰ）数据

Python数据分析案例实战：慕课版 / 王浩，袁琴，
张明慧主编. -- 北京：人民邮电出版社，2020.7
ISBN 978-7-115-52084-5

Ⅰ. ①P… Ⅱ. ①王… ②袁… ③张… Ⅲ. ①软件工
具－程序设计 Ⅳ. ①TP311.561

中国版本图书馆CIP数据核字(2019)第210128号

内 容 提 要

本书作为 Python 数据分析的案例实战教程，不仅介绍了使用 Python 进行数据分析所涉及的常用知识，而且介绍了 6 个流行的数据分析方面的项目。全书共分 10 章，内容包括数据分析基础、NumPy 模块实现数值计算、pandas 模块实现统计分析、Matplotlib 模块实现数据可视化、客户价值分析、销售收入分析与预测、二手房数据分析预测系统、智能停车场运营分析系统、影视作品分析和看店宝。全书以案例引导，每个案例都提供了相关的技术准备和知识讲解，有助于学生在理解知识的基础上，更好地运用知识，达到学以致用的目的。

本书是慕课版教材，各章节都配备了微课，并且在人邮学院（www.rymooc.com）平台上提供了配套慕课。此外，本书还提供所有实例、案例项目的源代码、制作精良的电子课件 PPT、自测题库等内容。其中，源代码全部经过精心测试，能够在 Windows 10 环境中运行。

本书可作为应用型本科计算机类专业、高职软件专业及相关专业的教材，同时也适合初、中级 Python 数据分析人员参考使用。

◆ 主　编　王　浩　袁　琴　张明慧

　　副主编　吴　琰　苏健光

　　责任编辑　李　召

　　责任印制　王　郁　陈　犇

◆ 人民邮电出版社出版发行　　北京市丰台区成寿寺路 11 号

　　邮编　100164　　电子邮件　315@ptpress.com.cn

　　网址　https://www.ptpress.com.cn

　　固安县铭成印刷有限公司印刷

◆ 开本：787×1092　1/16

　　印张：14.75　　　　　　　2020 年 7 月第 1 版

　　字数：402 千字　　　　　2025 年 1 月河北第 11 次印刷

定价：59.80 元

读者服务热线：(010)81055256　印装质量热线：(010)81055316

反盗版热线：(010)81055315

广告经营许可证：京东市监广登字 20170147 号

前言
Foreword

为了让读者能够快速且牢固地掌握 Python 数据分析技术，人民邮电出版社充分发挥在线教育方面的技术优势、内容优势、人才优势，为读者提供一种"纸质图书+在线课程"相配套，全方位学习 Python 数据分析的解决方案。读者可根据个人需求，利用图书和"人邮学院"平台上的在线课程进行系统化、移动化的学习，以便快速全面地掌握 Python 数据分析技术。

一、如何学习慕课版课程

本课程依托人民邮电出版社自主开发的在线教育慕课平台——人邮学院（www.rymooc.com），该平台为学习者提供优质、海量的课程，课程结构严谨，用户可以根据自身的学习程度，自主安排学习进度，并且平台具有完备的在线"学习、笔记、讨论、测验"功能。人邮学院为每一位学习者，提供完善的一站式学习服务（见图1）。

图 1　人邮学院首页

为了使读者更好地完成慕课的学习，现将本课程的使用方法介绍如下。

1. 用户购买本书后，找到粘贴在书封底上的刮刮卡，刮开，获得激活码（见图2）。

2. 登录人邮学院网站（www.rymooc.com），或扫描封面上的二维码，使用手机号码完成网站注册（见图3）。

图 2　激活码

图 3　注册人邮学院网站

3. 注册完成后，返回网站首页，单击页面右上角的"学习卡"选项（见图 4），进入"学习卡"页面（见图 5），输入激活码，即可获得该慕课课程的学习权限。

图 4 单击"学习卡"选项

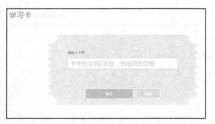

图 5 在"学习卡"页面输入激活码

4. 获得课程的学习权限后，读者可随时随地使用计算机、平板电脑、手机学习本课程的任意章节，根据自身情况自主安排学习进度（见图 6）。

5. 在学习慕课课程的同时，阅读本书中相关章节的内容，巩固所学知识。本书既可与慕课课程配合使用，也可单独使用，书中主要章节均放置了二维码，用户扫描二维码即可在手机上观看相应章节的视频讲解。

6. 学完一章内容后，可通过精心设计的在线测试题，查看知识掌握程度（见图 7）。

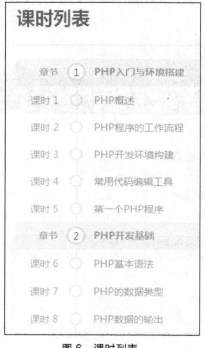

图 6 课时列表

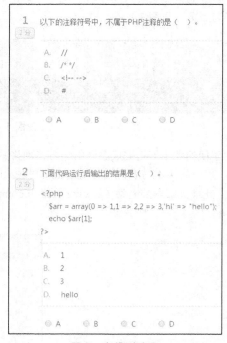

图 7 在线测试题

7. 如果对所学内容有疑问，还可到讨论区提问，除了有大牛导师答疑解惑以外，同学之间也可互相交流学习心得（见图 8）。

8. 书中配套的 PPT、源代码等教学资源，用户可在该课程的首页找到相应的下载链接（见图 9）。

| 图 8 讨论区 | 图 9 配套资源 |

关于人邮学院平台使用的任何疑问，可登录人邮学院咨询在线客服，或致电：010-81055236。

二、本书特点

如今，网络信息技术已经与我们的日常生活息息相关，生活中各项网络数据都在不断地增长，仅靠人工处理这些数据已经远远不够，所以需要通过计算机来进行数据的分析与处理。由于 Python 具备简单、灵活、健壮、易用、兼容、高效和通用等特性，所以它已经成为数据分析开发阵营中的重要组成部分。越来越多的公司使用 Python 进行数据分析方面的开发。

党的二十大报告中提到："全面提高人才自主培养质量，着力造就拔尖创新人才，聚天下英才而用之。"在当前的教育体系下，实例教学是计算机语言教学的最有效的方法之一，本书将 Python 数据分析知识和实用的实例有机地结合起来。一方面，跟踪 Python 数据分析的发展，适应市场需求，精心选择内容，突出重点、强调实用，使知识讲解全面、系统；另一方面，将知识融入案例，每个案例都有相关的知识讲解，部分知识点还有用法示例，既有利于学生学习知识，又有利于指导学生实践。

本书作为教材使用时，知识讲解建议 20～30 学时，案例讲解建议 40～45 学时。各章主要内容和学时分配建议如下，老师可以根据实际教学情况进行调整。

章	主要内容	课堂学时	实验学时
第 1 章	主要介绍什么是数据分析、常用数据分析方法和工具、数据分析流程和 Python 数据分析常用模块	1～2	
第 2 章	NumPy 模块中的数组对象、数据类型对象、数组的基本操作以及常用的运算函数等	3～4	3
第 3 章	pandas 的数据结构、文本数据以及数据库的读取或写入、常用的数据处理操作、数据的分组与聚合以及数据的预处理工作	3～4	4～5
第 4 章	通过 Matplotlib 模块实现可视化图形的绘制流程，以及绘制条形图、折线图、散点图等可视化图形	2～3	3～4
第 5 章	通过 RFM 模型和 k-means 聚类算法实现客户分类和客户价值分析	2～3	4～5
第 6 章	通过最小二乘法和线性回归模型 linear_model.LinearRegression 实现销售收入分析与预测	2～3	4～5
第 7 章	通过 sklearn 模块中的线性回归等机器学习算法实现二手房数据分析预测系统	2～3	5～6
第 8 章	主要通过时间模块与 pandas 模块实现智能停车场运营数据的分析，再通过图表的方式实现数据的可视化	2～3	6

章	主要内容	课堂学时	实验学时
第 9 章	主要通过 Python 的爬虫技术爬取影视作品的评论，然后通过 pandas 对数据进行处理，再通过图表的方式实现数据的可视化	1～2	4
第 10 章	主要通过 Python 的爬虫技术获取京东商城商品的相关数据，然后通过数据的分析、比较、计算等方式实现京东商城商品的预警	2～3	7

由于编者水平有限，书中难免存在不足之处，敬请广大读者批评指正。

编者

2023 年 5 月

目录
Contents

第1章　数据分析基础　　1

1.1　什么是数据分析　　2
1.2　数据分析的应用　　2
1.3　数据分析方法　　2
  1.3.1　对比分析法　　3
  1.3.2　同比分析法　　3
  1.3.3　环比分析法　　4
  1.3.4　80/20 法则　　4
  1.3.5　回归分析法　　4
  1.3.6　聚类分析法　　5
  1.3.7　时间序列分析法　　5
1.4　数据分析工具　　6
1.5　数据分析流程　　7
  1.5.1　明确目的　　7
  1.5.2　获取数据　　8
  1.5.3　数据处理　　9
  1.5.4　数据分析　　10
  1.5.5　验证结果　　10
  1.5.6　数据展现　　10
  1.5.7　数据应用　　10
1.6　Python 数据分析常用模块　　10
  1.6.1　数值计算模块　　10
  1.6.2　数据处理模块　　10
  1.6.3　数据可视化模块　　11
  1.6.4　机器学习模块　　11
小结　　11
习题　　11

**第2章　NumPy 模块实现
数值计算　　12**

2.1　初识 NumPy 模块　　13
  2.1.1　NumPy 的诞生　　13
  2.1.2　NumPy 的安装　　13
  2.1.3　NumPy 的数据类型　　14
  2.1.4　数组对象 ndarray　　15
  2.1.5　数据类型对象 dtype　　16
2.2　NumPy 模块中数组的基本操作　　16
  2.2.1　内置的数组创建方法　　16
  2.2.2　生成随机数　　19
  2.2.3　切片和索引　　20
  2.2.4　修改数组形状　　21
  2.2.5　组合数组　　22
  2.2.6　数组分割　　24
2.3　NumPy 模块中函数的应用　　25
  2.3.1　数学函数　　26
  2.3.2　算术函数　　27
  2.3.3　统计函数　　27
  2.3.4　矩阵函数　　30
2.4　广播机制　　31
小结　　32
习题　　32

**第3章　pandas 模块实现统计
分析　　33**

3.1　安装 pandas 模块　　34

3.2　pandas 数据结构　35
　3.2.1　Series 对象　35
　3.2.2　DataFrame 对象　37
3.3　读、写数据　38
　3.3.1　读、写文本文件　38
　3.3.2　读、写 Excel 文件　40
　3.3.3　读、写数据库数据　41
3.4　数据操作　44
　3.4.1　数据的增、删、改、查　44
　3.4.2　NaN 数据处理　47
　3.4.3　时间数据的处理　50
3.5　数据的分组与聚合　52
　3.5.1　分组数据　52
　3.5.2　聚合数据　54
3.6　数据的预处理　56
　3.6.1　合并数据　56
　3.6.2　去除重复数据　60
小结　62
习题　62

第 4 章　Matplotlib 模块实现
　　　　数据可视化　63

4.1　基本用法　64
　4.1.1　安装 Matplotlib　64
　4.1.2　pyplot 子模块的绘图流程　65
　4.1.3　pyplot 子模块的常用语法　65
4.2　绘制常用图表　66
　4.2.1　绘制条形图　66
　4.2.2　绘制折线图　69
　4.2.3　绘制散点图　70
　4.2.4　绘制饼图　71
　4.2.5　绘制箱形图　73
　4.2.6　多面板图表　75
4.3　3D 绘图　78

　4.3.1　3D 线图　78
　4.3.2　3D 曲面图　79
　4.3.3　3D 条形图　81
小结　82
习题　82

第 5 章　客户价值分析　83

5.1　背景　84
5.2　系统设计　84
　5.2.1　系统功能结构　84
　5.2.2　系统业务流程　84
　5.2.3　系统预览　84
5.3　系统开发必备　86
　5.3.1　开发环境及工具　86
　5.3.2　项目文件结构　86
5.4　分析方法　87
　5.4.1　RFM 模型　87
　5.4.2　聚类分析　87
　5.4.3　k-means 聚类算法　88
5.5　技术准备　88
　5.5.1　sklearn 模块　89
　5.5.2　k-means 聚类　89
　5.5.3　pandas 模块　90
5.6　用 Python 实现客户价值分析　90
　5.6.1　数据抽取　90
　5.6.2　数据探索分析　90
　5.6.3　数据处理　91
　5.6.4　客户聚类　92
　5.6.5　客户价值分析　94
小结　94
习题　94

第 6 章　销售收入分析与预测　95

6.1　背景　96

6.2　系统设计　96

　　6.2.1　系统功能结构　96

　　6.2.2　系统业务流程　96

　　6.2.3　系统预览　97

6.3　系统开发必备　97

　　6.3.1　开发环境及工具　97

　　6.3.2　项目文件结构　97

6.4　分析方法　97

　　6.4.1　线性回归　97

　　6.4.2　最小二乘法　98

6.5　线性回归模型　100

6.6　Excel 日期数据处理　101

　　6.6.1　按日期筛选数据　101

　　6.6.2　按日期显示数据　101

　　6.6.3　按日期统计数据　102

6.7　分析与预测　102

　　6.7.1　数据处理　103

　　6.7.2　日期数据统计并显示　103

　　6.7.3　根据历史销售数据

　　　　　绘制拟合图　103

　　6.7.4　预测销售收入　104

小结　105

习题　105

第 7 章　二手房数据分析预测系统　106

7.1　需求分析　107

7.2　系统设计　107

　　7.2.1　系统功能结构　107

　　7.2.2　系统业务流程　107

　　7.2.3　系统预览　107

7.3　系统开发必备　111

　　7.3.1　开发环境及工具　111

　　7.3.2　文件夹组织结构　111

7.4　技术准备　111

　　7.4.1　sklearn 库概述　111

　　7.4.2　加载 datasets 子模块中的

　　　　　数据集　111

　　7.4.3　支持向量回归函数　114

7.5　图表工具模块　115

　　7.5.1　绘制饼图　115

　　7.5.2　绘制折线图　116

　　7.5.3　绘制条形图　117

7.6　二手房数据分析　118

　　7.6.1　清洗数据　118

　　7.6.2　各区二手房均价分析　119

　　7.6.3　各区房子数量比例　120

　　7.6.4　全市二手房装修程度分析　121

　　7.6.5　热门户型均价分析　122

　　7.6.6　二手房售价预测　123

小结　126

习题　126

第 8 章　智能停车场运营分析系统　127

8.1　需求分析　128

8.2　系统设计　128

　　8.2.1　系统功能结构　128

　　8.2.2　系统业务流程　128

　　8.2.3　系统预览　128

8.3　系统开发必备　132

　　8.3.1　开发环境及工具　132

　　8.3.2　文件夹组织结构　132

8.4　技术准备　133

　　8.4.1　初识 Pygame　133

　　8.4.2　Pygame 的基本应用　133

　　8.4.3　时间模块　136

　　8.4.4　日期时间模块　138

8.5　智能停车场数据分析　　141
　　8.5.1　停车时间数据分布图　　141
　　8.5.2　停车高峰时间所占比例　　143
　　8.5.3　每周繁忙统计　　145
　　8.5.4　月收入分析　　147
　　8.5.5　每日接待车辆统计　　149
　　8.5.6　车位使用率　　150
小结　　152
习题　　152

第9章　影视作品分析　　153

9.1　需求分析　　154
9.2　系统设计　　154
　　9.2.1　系统功能结构　　154
　　9.2.2　系统业务流程　　154
　　9.2.3　系统预览　　155
9.3　系统开发必备　　156
　　9.3.1　开发环境及工具　　156
　　9.3.2　文件夹组织结构　　156
9.4　技术准备　　157
　　9.4.1　使用 jieba 模块进行分词　　157
　　9.4.2　使用 wordcloud 库实现
　　　　　词云图　　159
9.5　主窗体设计　　162
　　9.5.1　实现主窗体　　162
　　9.5.2　查看部分的隐藏与显示　　163
　　9.5.3　下拉列表处理　　164
9.6　数据分析与处理　　166
　　9.6.1　获取数据　　166
　　9.6.2　生成全国热力图文件　　167
　　9.6.3　生成主要城市评论数及平均
　　　　　分文件　　168
　　9.6.4　生成词云图　　168
9.7　单击查看显示内容　　169

9.7.1　创建显示 HTML 页面的窗体　　169
9.7.2　创建显示图片的窗体　　170
9.7.3　绑定查询按钮单击事件　　171
小结　　172
习题　　172

第10章　看店宝　　173

10.1　需求分析　　174
10.2　系统设计　　175
　　10.2.1　系统功能结构　　175
　　10.2.2　系统业务流程　　175
　　10.2.3　系统预览　　175
10.3　系统开发必备　　179
　　10.3.1　开发环境及工具　　179
　　10.3.2　文件夹组织结构　　179
10.4　技术准备　　180
　　10.4.1　使用 Python 操作数据库　　180
　　10.4.2　JSON 模块的应用　　181
10.5　主窗体的 UI 设计　　182
　　10.5.1　对主窗体进行可视化设计　　182
　　10.5.2　将可视化窗体转换为.py
　　　　　文件　　184
　　10.5.3　设置窗体及控件背景　　184
　　10.5.4　创建窗体控制文件　　185
　　10.5.5　主窗体预览效果　　185
10.6　设计数据库表结构　　186
10.7　初始数据的爬取　　187
　　10.7.1　爬取排行信息　　187
　　10.7.2　爬取价格信息　　190
　　10.7.3　爬取评价信息　　191
　　10.7.4　定义数据库操作文件　　194
10.8　图表分析数据　　197
　　10.8.1　饼图展示评价信息　　197
　　10.8.2　分析出版社所占比例的

　　　　　条形图　　　　　　　　　198
　　10.8.3　折线图分析价格走势　　199
　　10.8.4　Top10 数据展示　　　　200
10.9　商品排行展示　　　　　　　　203
　　10.9.1　热销商品排行榜　　　　203
　　10.9.2　热门商品展示　　　　　205
10.10　关注商品　　　　　　　　　207
　　10.10.1　分析关注商品的预警信息　207
　　10.10.2　重点商品的关注与取消　208

10.11　商品营销预警　　　　　　　214
　　10.11.1　商品中、差评预警　　　214
　　10.11.2　商品价格变化预警　　　216
10.12　关注商品图表分析　　　　　218
　　10.12.1　关注商品评价分析饼图　218
　　10.12.2　关注商品出版社占有比例　220
10.13　其他功能　　　　　　　　　222
小结　　　　　　　　　　　　　　　224
习题　　　　　　　　　　　　　　　224

第1章

数据分析基础

本章要点

- ■ 理解什么是数据分析
- ■ 掌握常用的数据分析方法
- ■ 初步认识数据分析工具
- ■ 了解数据分析流程
- ■ 简单了解Python数据分析常用模块

1.1 什么是数据分析

什么是数据分析

数据分析是将数学、统计学理论结合科学的统计分析方法（如线性回归分析、聚类分析、方差分析、时间序列分析等）对数据库中的数据、Excel 数据、收集的大量数据、网页抓取的数据等进行分析，从中提取有价值的信息形成结论并进行展示的过程。数据分析的目的在于将隐藏在一大堆看似杂乱无章的数据背后的有用信息提取出来，总结出数据的内在规律，以帮助在实际工作中的管理者做出决策和判断。

1.2 数据分析的应用

数据分析的应用

数据分析是大数据技术中最重要的一部分，随着大数据技术的不断发展，数据分析将应用于各个行业。在互联网行业，通过数据分析可以根据客户意向进行商品推荐以及有针对性的投放广告等。在医学方面，可以实现智能医疗、健康指数评估以及 DNA 对比等。在网络安全方面，可以通过数据分析建立一个潜在攻击性的分析模型，监测大量的网络访问数据与访问行为，可以快速地识别出可疑网络的访问，起到有效的防御作用。在交通方面，可以根据交通状况数据与 GPS 定位系统有效地预测交通实时路况信息。在通信方面，数据分析可以统计骚扰电话，进行骚扰电话的拦截与黑名单的设置。在个人生活方面，数据分析可以对个人生活习惯进行分类，为其提供更加周到的个性化服务。

1.3 数据分析方法

数据分析方法

数据分析是从数据中提取有价值的信息的过程，过程中需要对数据进行各种处理和归类，只有掌握了正确的数据分析方法，才能起到事半功倍的效果。

数据分析方法一般分为：描述性数据分析、探索性数据分析和验证性数据分析，如图 1-1 所示。其中，描述性数据分析是最基础、最初级的，例如，本月收入增加了多少、客户增加了多少、哪个单品销量好都属于描述性数据分析。而探索性数据分析侧重于发现数据的规律和特征，例如有一份数据，你对它完全陌生，又不了解业务情况，会不会感觉无从下手？如果你什么都不管，直接把数据塞进各种模型，却发现效果并不好，这时就需要先进行数据探索，找到数据的规律和特征，知道数据里有什么没有什么。验证性数据分析就是已经确定使用哪种假设模型，通过验证性数据分析来对你的假设模型进行验证。后两者是比较高级的数据分析。

图 1-1 数据分析方法的类别

数据分析方法从技术层面又可分为三种：统计分析类，以基础的统计分析为主，包括对比分析法、同比分析法、环比分析法、定比分析法、差异分析法、结构分析法、因素分析法、80/20 法则等；高级分析类，以建模理论为主，包括回归分析法、聚类分析法、相关分析法、矩阵分析法、判别分析法、主成分分析法、因子分析法、对应分析法、时间序列分析法等；数据挖掘类，以机器学习、数据仓库等复合技术为主。下面将重点介绍几个常用的数据分析方法。

1.3.1 对比分析法

对比分析法是对客观事物进行比较，以达到认识事物的本质和规律的目的并做出正确的评价。对比分析法通常是把两个相互联系的指标数据进行比较，从数量上展示和说明研究对象规模的大小、水平的高低、速度的快慢及各种关系是否协调。

对比分析法一般来说有以下几种方法：纵向对比、横向对比、标准对比、实际与计划对比。例如，淘宝 2018 年上半年每月销售情况对比分析，如图 1-2 所示。

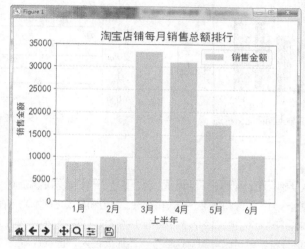

图 1-2　每月销售情况对比分析图

1.3.2 同比分析法

同比分析法是按照时间即年度、季度、月份、日期等进行扩展，用本期实际发生数与同口径历史数字相比，产生动态的相对指标，用以揭示发展水平以及增长速度。

同比分析法主要是为了消除季节变动的影响，用以说明本期水平与往年同期水平对比而达到的相对值。例如，本期 1 月比去年 1 月、本期 2 月比去年 2 月等。在实际工作中，经常使用这个指标，如某年、某季、某月与上年同期（年、同季度或同月）相比的发展速度，也就是同比增长速度，公式如下：

$$同比增长速度=（本期-往年同期）/往年同期×100\%$$

例如，2017 年和 2018 年两年 1 月至 6 月销量情况对比，如图 1-3 所示，同比增长速度如图 1-4 所示。

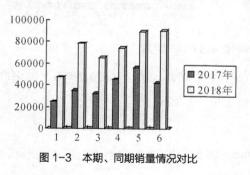

图 1-3　本期、同期销量情况对比

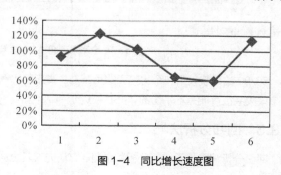

图 1-4　同比增长速度图

1.3.3　环比分析法

环比分析是报告期水平与前一时期水平之比，表明现象逐期的变化趋势。如果计算一年内各月与前一个月对比，即 1 月比去年 12 月，2 月比 1 月，3 月比 2 月……，6 月比 5 月，说明逐月的变化程度。本期数据与上期数据比较，形成时间序列图。环比增加速度公式如下：

$$环比增长速度=（本期-上期）/上期\times100\%$$

例如，2018 年 1 月至 6 月本月（本期）与上个月（上期）销量情况环比分析如图 1-5 所示，按月环比增长速度如图 1-6 所示。

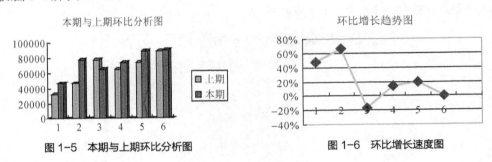

图 1-5　本期与上期环比分析图　　　　　　图 1-6　环比增长速度图

1.3.4　80/20 法则

80/20 法则，又称二八法则、帕累托法则、帕累托定律、最省力法则或不平衡原则。此法则是由意大利经济学家帕累托提出的。80/20 法则认为：原因和结果、投入和产出、努力和报酬之间本来存在着无法解释的不平衡。

例如，80%的收入仅来自于 20%最畅销的产品。下面是全彩系列图书 2018 年上半年收入占 80%的产品，效果如图 1-7 所示。通过该分析结果可以考虑对这部分产品加大投入、重点宣传。

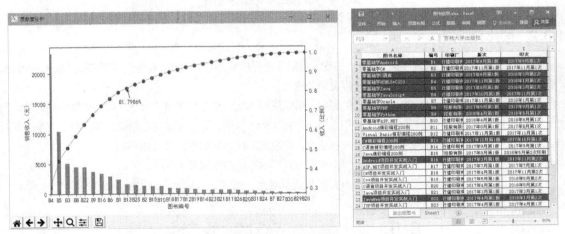

图 1-7　全彩系列图书 2018 年上半年收入占 80%的产品

80/20 法则仅仅是一个比喻和实用基准。真正的比例不一定正好是 80%：20%。80/20 法则表明在多数情况下该关系很可能是不平衡的，并且接近于 80/20。

1.3.5　回归分析法

回归分析法多用于统计分析和预测。它研究变量之间的相关关系以及相互影响程度，通过建立自变量和因变量的方程，研究某个因素受其他因素影响的程度或用来预测。回归分析法有线性和非线性回归、一元和多元回归之分。常用的回归有一元线性和多元线性回归方程。

一元线性回归方程是以 X 为自变量，Y 为因变量的一元线性方程。例如以广告费为因变量，以销售收入为自变量，分析广告费对销售收入的影响程度，以及对未来销售收入的预测。

多元线性回归方程是当自变量有两个或多个时，研究因变量 Y 和多个自变量 $1X$，$2X$，…，nX 之间的关系。例如，考虑多个因素影响销售收入时，销售收入为因变量，满减、打折、季节变化等指标为自变量，分析这些因素对销售收入的影响程度，以及对未来销售收入的预测。

建立一个回归分析一般要经历这样一个过程：先收集数据，再用散点图确认关系，然后利用最小二乘法或其他方法建立回归方程，检验统计参数是否合适，进行方差分析或残差分析，优化回归方程。

例如，通过预支广告费（60000 元）预测销售收入，首先根据以往广告费（X 实际）和销售收入（Y 实际）形成散点图，然后使用最小二乘法建立一元线性回归方程拟合出一条回归线来预测销售收入，如图 1-8 所示。

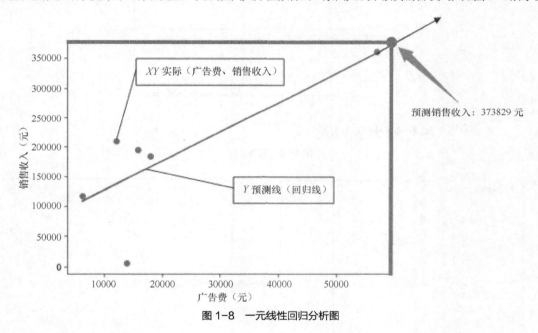

图 1-8　一元线性回归分析图

1.3.6　聚类分析法

聚类分析法多用于人群分类和客户分类。所谓聚类是一个将数据集中在某些方面相似的数据成员进行分类组织的过程（即将相似数据并成一组），聚类就是一种发现这种内在结构的技术。聚类的意思就是把一个大数据集按照某种距离计算方式，分成若干个分类。其中每个分类内的差异性要比类与类之间的差异性小很多。

聚类与分类分析不同，它所划分的类是未知的。因此，聚类分析也称为无指导或无监督的学习。它是一门静态数据分析技术，在许多领域受到广泛应用，包括机器学习、数据挖掘、模式识别、图像分析以及生物信息。

例如，客户价值分析中对客户进行分类（根据业务需要分为 4 类），其中的某一类客户如图 1-9 所示。

1.3.7　时间序列分析法

时间序列分析法多用于统计和预测。它是按照时间的顺序把随机事件变化发展的过程记录下来构成一个时间序列，并对这个时间序列进行观察、研究，找出它变化发展的规律，预示它将来的走势。

时间序列分析法可分为描述性时序分析法和统计时序分析法。描述性时序分析法是通过直观的数据比较或绘图观测，寻找序列中蕴含的发展规律。例如，某淘宝店铺近两年增长趋势和季节波动趋势，如图 1-10 和图 1-11 所示。从图中可以看出近两年该淘宝店铺的收入持续稳定增长，而季节性波动比较明显。

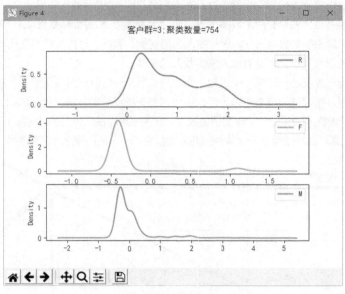

图 1-9　聚类分析

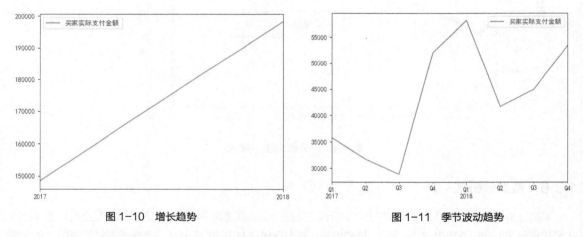

图 1-10　增长趋势　　　　　　　　　图 1-11　季节波动趋势

统计时序分析法的原理是：根据系统观察得到的时间序列数据，通过曲线拟合和参数估计来建立数学模型的理论和方法，一般使用自回归移动平均模型 ARMA(p, q)，它是时间序列中最为重要的模型之一，主要由两部分组成：AR 代表 p 阶自回归过程，MA 代表 q 阶移动平均过程。

统计序列分析法常用于国民经济宏观控制、市场潜力预测、气象预测、农作物害虫灾害预报等方面。

1.4　数据分析工具

对于不懂编程的人来说 Excel 是常用的数据分析工具，可以实现基本的数据分析工

数据分析工具

作,但在数据量较大,公式嵌套又很多的情况下,Excel 处理起来会很麻烦而且处理速度也会变慢。此时,Python 可作为首选,因为 Python 提供了大量的第三方扩展库,如 Numpy、SciPy、Matplotlib、Pandas、Scikit-Learn、Keras 和 Gensim 等,这些库不仅可以对数据进行处理、挖掘,还可以进行可视化展示,其自带的分析方法模型也使得数据分析变得简单高效,只需编写少量的代码就可以得到分析结果。

另外,Python 简单易学,在科学领域占据着越来越重要的地位,将成为科学领域的主流编程语言,图 1-12 所示的是 2019 年 3 月编程语言排行榜,可以看到 Python 占据前三并且仍呈现上升趋势。

Mar 2019	Mar 2018	Change	Programming Language	Ratings	Change
1	1		Java	14.880%	-0.06%
2	2		C	13.305%	+0.55%
3	4	^	Python	8.262%	+2.39%
4	3	v	C++	8.126%	+1.67%
5	6	^	Visual Basic .NET	6.429%	+2.34%
6	5	v	C#	3.267%	-1.80%
7	8	^	JavaScript	2.426%	-1.49%
8	7	v	PHP	2.420%	-1.59%
9	10	^	SQL	1.926%	-0.76%

图 1-12　TIOBE 编程语言排行榜 TOP10(2019 年 3 月)

图 1-12 中所示的数据来自 TIOBE 编程语言排行榜。

综上所示,经过对比分析,Python 作为数据分析工具的首选,具有以下优势。

- ❑ 语言简单易学、数据处理简单高效,对于初学者来说更加容易上手。
- ❑ Python 第三方扩展库不断更新,可用范围越来越广。
- ❑ 在科学计算、数据分析、数学建模和数据挖掘方面占据越来越重要的地位。
- ❑ 可以和其他语言进行对接,兼容性稳定。

1.5　数据分析流程

数据分析流程

下面先来看下数据分析的基本流程,如图 1-13 所示,其中数据分析的重要环节是明确分析目的和思路,这也是做数据分析最有价值的部分。

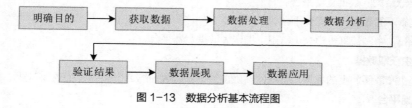

图 1-13　数据分析基本流程图

1.5.1　明确目的

先引用爱因斯坦的一句名言:"如果给我 1 个小时解答一道决定我生死的问题,我会花 55 分钟来弄清楚这道题到底是在问什么。一旦清楚了它到底在问什么，剩下的 5 分钟足够回答这个问题"。

而在数据分析方面，首先要花些时间搞清楚要分析什么，要达到什么样的结果，明确分析目的和思路后再考虑用哪种分析方法，然后进行数据处理和数据分析等后续工作。

1.5.2 获取数据

能够找到合适的数据训练是一件非常重要的事情。获取数据的方式有很多种，如公开的数据集、爬虫、数据采集工具、付费 API 等。如果已经有了要分析的对象，那么本节内容可以忽略。下面介绍几个常用的数据网站和获取数据的几种方式。

1. 公开的数据集

❏ 常用数据公开网站

UCI：经典的机器学习、数据挖掘数据集，包含分类、聚类、回归等问题下的多个数据集。

国家数据：数据来源于中华人民共和国国家统计局（以下简称国家统计局），包含了我国经济民生等多个方面的数据。

CEIC：最完整的一套超过 128 个国家的经济数据，能够精确查找 GDP、CPI、进口、出口、外资直接投资、零售、销售以及国际利率等深度数据。其中的"中国经济数据库"收编了几十万条时间序列数据，数据内容涵盖宏观经济数据、行业经济数据和地区经济数据。

万得：在金融业有着全面的数据覆盖，金融数据的类目更新非常快，因此很受国内的商业分析者和投资人的青睐。

搜数网：汇集了中国资讯行自 1992 年以来收集的所有统计和调查数据。

中国统计信息网：国家统计局的官方网站，汇集了海量的全国各级政府各年度的国民经济和社会发展的统计信息等。

亚马逊：来自亚马逊的跨学科的云数据平台，包含化学、生物、经济等多个领域的数据集。

Figshare：研究成果共享平台，这里可以找到来自世界各地的大牛们的研究成果数据。

GitHub：一个非常全面的数据获取渠道，包含各个细分领域的数据库资源，自然科学和社会科学的覆盖都很全面，适合做研究和数据分析的人员。

❏ 政府开放数据

北京市政务数据资源网：包含竞技、交通、医疗、天气等数据。

深圳市政府数据开放平台：包含交通、文娱、就业、基础设施等数据。

上海市政务数据服务网：覆盖经济建设、文化科技、信用服务、交通出行等领域数据。

❏ 数据竞赛网站

DataCastle：专业的数据科学竞赛平台。

Kaggle：全球最大的数据竞赛平台。

天池：阿里旗下的数据科学竞赛平台。

DataFountain：中国计算机学会（CCF）指定大数据竞赛平台。

2. 利用爬虫获取数据

可以使用爬虫爬取网站上的数据，某些网站上也给出获取数据的 API 接口，但需要付费。

3. 数据交易平台

由于数据需求的增大，涌现出很多数据交易平台，这些平台属于付费平台，但里面也会有些免费的数据，如优易数据、数据堂等。

4. 网络指数

通过指数的变化可以查看某个主题在各个时间段受关注的情况，可以进行趋势分析、行情分析和预测，如

第 1 章
数据分析基础

百度指数、阿里指数、友盟指数、爱奇艺指数等。

5. 网络采集器

网络采集器是通过软件的形式实现简单快捷地采集网络上分散的内容，具有很好的内容收集作用，如造数、爬山虎等。

 说明 对以上数据资源感兴趣的读者可自行查找。

1.5.3 数据处理

数据处理是从大量的、杂乱无章的、难以理解的、缺失的数据中，抽取并推导出对解决问题有价值、有意义的数据。数据处理主要包括数据规约、数据清洗、数据加工等处理方法，具体如图 1-14 所示。

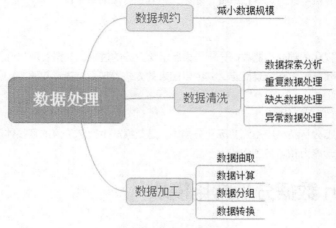

图 1-14 数据处理

数据规约：在接近或保持原始数据完整性的同时将数据集规模减小，以提高数据处理的速度。

数据清洗：在获取到原始数据后，可能其中的很多数据都不符合数据分析的要求，那么需要按照如下步骤进行处理。

（1）数据探索分析：分析数据是否存在缺失、异常等情况，分析数据的规律。在 Python 中可以使用 describe() 函数，用该函数能够自动计算 count（非空值数）、unique（唯一值数）、top（最高者）、freq（最高频数）、mean（平均值）、std（方差）、min（最小值）、max（最大值）等，通过求得的值可以分析出有多少数据存在数据缺失和数据异常。

（2）重复数据处理：对于重复的数据做删除即可，可以使用 Python 第三方模块 Pandas 中的 drop_duplicates() 方法。

（3）缺失数据处理：对于缺失的数据，如果比例高于 30% 可以选择放弃这个指标，删除即可；如果比例低于 30% 可以将这部分缺失数据以 0 或均值等进行填充。

（4）异常数据处理：异常数据需要对具体业务进行具体分析和处理，对于不符合常理的数据可进行删除。

数据加工：数据抽取是选取数据中的部分内容；数据计算是进行各种算术和逻辑运算，以便得到进一步的信息；数据分组是按照有关信息进行有效的分组；数据转换是对数据标准化处理，以适应数据分析算法的需要，常用的有 z-score 标准化、"最小、最大标准化"和"按小数定标标准化"等。经过上述标准化处理后，数据中各指标值将会处在同一个数量级上，以便更好地对数据进行综合测评和分析。

1.5.4 数据分析

数据分析过程中，选择适合的分析方法和工具很重要，所选择的分析方法应兼具准确性、可操作性、可理解性和可应用性。但对于业务人员（如产品经理或运营）来说，数据分析最重要的是数据分析思维。

1.5.5 验证结果

通过工具和方法分析出来的结果有些时候不一定准确，所以必须要进行验证。

例如，一家淘宝电商销售业绩下滑，分析结果是（1）价格平平，客户不喜欢；（2）产品质量不佳，和同期竞争对手比没有优势。但这只是现象，不是因素。具体为什么客户不喜欢，是宣传不到位不吸引眼球？还是产品质量不佳？这才是真正的分析结果。

所以，只有将数据分析与业务思维相结合，才能找到真正有用的结果。

1.5.6 数据展现

数据展现即数据可视化的部分，把数据分析结果展示给业务的过程。数据展现除遵循各公司统一规范原则外，具体形式还要根据实际需求和场景而定，其中以图表的方式展现更清晰、更直观。

1.5.7 数据应用

数据应用是指将数据分析结果应用到实际业务当中，是数据产生实际价值的直接体现，这个过程需要具有数据沟通能力、业务推动能力和项目工作能力。

1.6 Python 数据分析常用模块

1.6.1 数值计算模块

Python 数据分析
常用模块

数值计算模块 NumPy 是一个用于实现科学计算的库，尤其是在实现数据分析时，该模块是一个必不可少的基础库。NumPy 模块不仅支持大量的维度数组与矩阵运算，还针对数组运算提供大量的数学函数库。NumPy 模块是一个运行速度非常快的数学库，实现的科学计算包括：

- ❑ 一个强大的 N 维数组对象 ndarray；
- ❑ 比较成熟的（广播）函数库；
- ❑ 整合 C/C++/Fortran 代码的工具；
- ❑ 实用的线性代数、傅里叶变换和随机数生成函数等功能。

1.6.2 数据处理模块

数据处理模块 pandas 是一个开源的并且通过 BSD 许可的库，主要为 Python 语言提供了高性能、易于使用的数据结构和数据分析工具。

pandas 的数据结构中有两大核心，分别是 Series 与 DataFrame。其中 Series 是一维数组，和 Numpy 中的一维数组类似。这两种一维数组与 Python 中基本数据结构 List 相近，Series 可以保存多种数据类型的数据，如布尔值、字符串、数字类型等。DataFrame 是一种表格形式的数据结构类似于 Excel 表格一样，是一种二维的表格型数据结构。

1.6.3 数据可视化模块

数据可视化模块 Matplotlib 是一个 Python 绘图库，它不仅可以绘制 2D 图表，还可以绘制 3D 图表。中间的 "plot" 表示绘图，而结尾的 "lib" 表示它是一个集合。

Matplotlib 模块在绘制图表时非常简单，只需几行代码即可实现绘制条形图、折线图、散点图、饼图等。matplotlib.pyplot 子模块提供了类似于 MATLAB 的界面，尤其是与 IPython 结合使用时。其中的每个函数都可以对图形进行更改，例如创建图形、在图形中创建绘图区域、绘制线条样式、设置字体属性、设置轴属性等。

1.6.4 机器学习模块

机器学习模块 sklearn 是一个简单有效的数据挖掘和数据分析工具，可以让用户在各种环境下重复使用，sklearn 模块是基于 Numpy、SciPy 和 Matplotlib 构建的。

该模块将很多机器学习算法进行了封装，即使对算法不是很熟悉的用户也可以通过调用函数的方式轻松建模。sklearn 模块可以实现数据的预处理、分类、回归、PCA 降维、模型选择等工作。它是实现数据分析时必不可少的一个模块库。

小 结

本章主要介绍了什么是数据分析、数据分析方法、数据分析工具、数据分析的基本流程和 Python 数据分析常用的模块。重点需要理解常用的数据分析方法、数据分析的基本流程以及 Python 数据分析常用的模块。虽然本书使用的分析工具是 Python，但它不是一本 Python 的入门图书，因此 Python 的基础知识本书不做详细介绍，接下来的章节将围绕着 Python 数据分析的相关知识进行讲解。

习 题

1-1　现在让你分析月销量，你会使用哪种数据分析方法？

1-2　在分析一组数据前，发现并不是所有数据都是你需要的，该怎么办？

1-3　如果发现数据中存在异常数据，如年龄 200，该如何处理？

1-4　数据中存在值为 0 的数据影响分析结果吗？

1-5　Python 中与数据分析相关的模块有哪些？

1-6　Excel 数据中存在大量空值，你将使用哪个模块处理？

第2章

NumPy模块实现数值计算

■ NumPy 模块是一个用于实现科学计算的库，NumPy 模块不仅支持大量的维度数组与矩阵运算，还针对数组运算提供大量的数学函数库。本章将主要介绍 NumPy 模块的具体使用方式。

本章要点

- 了解NumPy模块
- NumPy模块对数组的基本操作
- NumPy中函数的应用
- 深入了解NumPy的常用概念

2.1 初识 NumPy 模块

2.1.1 NumPy 的诞生

Numeric 模块是 NumPy 模块的前身，在 1995 年由吉姆·胡古宁（Jim Hugunin）与其他协作者共同开发。随后又出现了 Numarray 模块，该模块与 Numeric 模块相似都是用于数组计算的，但是这两个模块都有着各自的优势，对于开发者来说，需要根据不同的需求选择开发效率更高的模块。

在 2006 年特拉维斯·奥列芬特（Travis Oliphant）将 Numeric 模块中结合了 Numarray 模块的优点，并加入了其他扩展而开发了 NumPy 模块的第一个版本。NumPy 为开放源代码，使用了 BSD 许可证授权，并且由众多开发者共同维护开发。

NumPy 的诞生

2.1.2 NumPy 的安装

由于 NumPy 模块为第三方模块，所以 Python 官网中的发行版本是不包含该模块的。在 Windows 系统下可以通过以下两种方式安装 NumPy 模块。

如果使用 pip 的安装方式，安装 NumPy 模块时，需要先进入到命令行（command，cmd）窗口当中，然后在 cmd 窗口当中执行如下代码：

```
python -m pip install numpy
```

NumPy 模块安装完成以后，在 Python 窗口中输入以下代码测试一下是否可以正常导入已经安装的 NumPy 模块即可：

```
import numpy
```

NumPy 的安装

除了 pip 的安装方式以外，还可以使用第三方开发工具进行 NumPy 模块的安装，例如使用 PyCharm 开发工具安装 NumPy 模块时，首先需要进入图 2-1 所示的 "Settings" 窗体，然后单击 "Project Interpreter" 选项，在右侧窗口中单击添加模块的按钮。

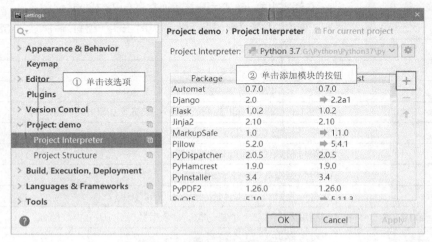

图 2-1 选择添加模块的按钮

单击添加模块的按钮以后，在图 2-2 所示界面中的搜索栏输入需要添加的模块名称为 "numpy"，然后选择需要安装的 "numpy" 模块，最后，单击 "Install Package" 按钮即可实现 NumPy 模块的安装。

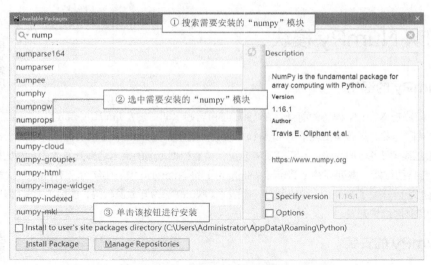

图 2-2　使用 PyCharm 开发工具安装 NumPy 模块

2.1.3　NumPy 的数据类型

NumPy 模块支持的数据类型有很多，要比 Python 内置的数据类型还要多，NumPy 模块常用的数据类型，如表 2-1 所示。

NumPy 的数据类型

表 2-1　NumPy 模块所支持的数据类型

数据类型	描　　述
np.bool	布尔值（True 或 False）
np.int_	默认的整数类型（与 C 语言中的 long 相同，通常为 int32 或 int64）
np.intc	与 C 语言中的 int 类型一样（通常为 int32 或 int 64）
np.intp	用于索引的整数类型（与 C 语言中的 size_t 相同，通常为 int32 或 int64）
np.int8	字节（−128～127）
np.int16	整数（−32768～32767）
np.int32	整数（−2147483648～2147483647）
np.int64	整数（−9223372036854775808～9223372036854775807）
np.uint8	无符号整数（0～255）
np.uint16	无符号整数（0～65535）
np.uint32	无符号整数（0～4294967295）
np.uint64	无符号整数（0～18446744073709551615）
np.half/np.float16	半精度浮点数，1 个符号位，5 个指数位，10 位小数部分
np.float32	单精度浮点数，1 个符号位，8 个指数位，23 位小数部分
np.float64/np.float_	双精度浮点数，1 个符号位，11 个指数位，52 位小数部分
np.complex64	复数，表示两个 32 位浮点数（实数部分和虚数部分）
np.complex128/np.complex_	复数，表示两个 64 位浮点数（实数部分和虚数部分）

2.1.4 数组对象 ndarray

数据对象 ndarray

ndarray 对象是 NumPy 模块的基础对象，用于存放同类型元素的多维数组。ndarray 中的每个元素在内存中都有相同存储大小的区域，而数据类型是由 dtype 对象所指定的，每个 ndarray 只有一种 dtype 类型。

数组有一个比较重要的属性是 shape（数组的形状），数组的维数与元素的数量就是通过 shape 来确定的。shape 是由 N 个正整数组成的元组来指定的，元组的每个元素对应每一维的大小。数组在创建时被指定大小后将不会再发生改变，而 Python 中的列表大小是可以改变的，这也是数组与列表区别较大的地方。

创建一个 ndarray 只需调用 NumPy 的 array() 函数即可，语法格式如下：

```
numpy.array(object, dtype=None, copy=True, order='K', subok=False, ndmin=0)
```

array() 函数的参数说明如表 2-2 所示。

表 2-2　array() 函数的参数说明

参数名称	说　明
object	数组或嵌套序列的对象
dtype	数组所需的数据类型
copy	对象是否需要复制
order	指定数组的内存布局，C 为行方向排列，F 为列方向排列，A 为任意方向（默认）
subok	默认返回一个与基类类型一致的数组
ndmin	指定生成数组的最小维度

【例 2-1】 使用 array() 函数创建一个 ndarray 时，需要将 Python 列表作为参数，而列表中的元素即是 ndarray 的元素。代码如下：（实例位置：资源包\Code\第 2 章\2-1）

```
a = np.array([1,2,3,4,5])          # 定义ndarray
print('数组内容为：',a)             # 打印数组内容
print('数组类型为：',a.dtype)       # 打印数组类型
print('数组的形状为：',a.shape)     # 打印数组的形状
print('数组的维数为：',a.ndim)      # 打印数组的维数
print('数组的长度为：',a.size)      # 打印数组的长度
```

运行结果如下。

```
数组内容为： [1 2 3 4 5]
数组类型为： int32
数组的形状为： (5,)
数组的维数为： 1
数组的长度为： 5
```

NumPy 的数组中除了以上实例所使用的属性以外，还有几个比较重要的属性如表 2-3 所示。

表 2-3　ndarray 对象的其他属性

属性名称	说　明
ndarray.itemsize	ndarray 对象中每个元素的大小，以字节为单位
ndarray.flags	ndarray 对象的内存信息
ndarray.real	ndarray 元素的实部

续表

属性名称	说　明
ndarray.imag	ndarray 元素的虚部
ndarray.data	包含实际数组元素的缓冲区，由于一般通过数组的索引获取元素，所以通常不需要使用这个属性

2.1.5　数据类型对象 dtype

数据类型对象是 numpy.dtype 类的实例，来描述与数组对应的内存区域，dtype 对象的语法构造如下：

数据类型对象 dtype

```
numpy. dtype(obj[, align, copy])
```

❑ objt 参数是要转换为的数据类型对象。

❑ align 参数如果为 true，填充字段使其类似 C 语言中的结构体。

❑ copy 参数是复制 dtype 对象，如果为 false，则是对内置数据类型对象的引用。

例如，查看数组类型时可以使用如下代码：

```
a = np.random.random(4)        # 生成随机浮点类型数组
print(a.dtype)                 # 查看数组类型
```

运行结果如下：

```
float64
```

每个 ndarray 对象都有一个相关联的 dtype 对象，例如需要定义一个复数数组时，可以通过数组相关联的 dtype 对象，指定数据的类型，代码如下：

```
a = np.array([[1,2,3,4,5],[6,7,8,9,10]],dtype=complex)    # 创建复数数组
print('数组内容为：',a)                                     # 打印数组内容
print('数组类型为：',a.dtype)                               # 打印数组类型
```

运行结果如下：

```
数组内容为： [[ 1.+0.j  2.+0.j  3.+0.j  4.+0.j  5.+0.j]
 [ 6.+0.j  7.+0.j  8.+0.j  9.+0.j 10.+0.j]]
数组类型为： complex128
```

2.2　NumPy 模块中数组的基本操作

内置的数组创建方法

2.2.1　内置的数组创建方法

NumPy 模块中除了使用 ndarray 构造函数来创建数组，还提供了几个函数能够生成包含初始值的 N 维数组，数组中的元素根据使用的函数来决定。

1. zeros()函数

zeros()函数可以创建一个通过 shape 参数指定数组形状与元素均为 0 的数组。

> **【例 2-2】** 使用 zeros()函数创建元素均为 0 的数组。代码如下：（实例位置：资源包\Code\第 2 章\2-2）

```
import numpy as np                # 导入numpy模块

a = np.zeros(4)                   # 默认为浮点类型
print('数组a内容为：',a)           # 打印数组a内容
print('数组a类型为：',a.dtype)     # 打印数组a类型
print('数组a形状为：',a.shape)     # 打印数组a形状
```

```
print('数组a维数为: ',a.ndim)              # 打印数组a维数
print('--------------------')
b = np.zeros(4, dtype=np.int)            # 设置类型为整数
print('数组b内容为: ',b)                   # 打印数组b内容
print('数组b类型为: ',b.dtype)             # 打印数组b类型
print('--------------------')
c = np.zeros((3,3))                      # 生成3*3的二维数组
print('数组c内容为: \n',c)                 # 打印数组c内容
print('数组c形状为: ',c.shape)             # 打印数组c形状
print('数组c维数为: ',c.ndim)              # 打印数组c维数
```

运行结果如下:

```
数组a内容为:  [0. 0. 0. 0.]
数组a类型为:  float64
数组a形状为:  (4,)
数组a维数为:  1
--------------------
数组b内容为:  [0 0 0 0]
数组b类型为:  int32
--------------------
数组c内容为:
 [[0. 0. 0.]
 [0. 0. 0.]
 [0. 0. 0.]]
数组c形状为:  (3, 3)
数组c维数为:  2
```

说明

还有一个与 zeros()类似的函数叫作 ones()函数,该函数用于创建元素全部为 1 的数组。

2. arange()函数

arange()函数与 Python 中的 range()函数类似,需要通过指定起始值、终止值与步长来创建一个一维数组,在创建的数组中并不包含终止值。

【例 2-3】 使用 arange()函数创建指定数值范围的一维数组。代码如下:(实例位置:资源包\Code\第 2 章\2-3)

```
import numpy as np                      # 导入numpy模块

a = np.arange(0,10,1)                   # 创建数值为0~10的数组步长为1
print('数组内容为: ',a)                   # 打印数组内容
```

运行结果如下:

```
数组内容为:  [0 1 2 3 4 5 6 7 8 9]
```

3. linspace()函数

linspace()函数用于实现通过指定起始值、终止值和元素个数来创建一个一维数组,特点是在默认设置的情况下数组中包含终止值,此处需要与 arange()函数区分开。

【例 2-4】 使用 linspace ()函数创建指定数值范围的一维数组。代码如下:(实例位置:资源包\Code\第 2 章\2-4)

```
import numpy as np                    # 导入numpy模块

a = np.linspace(0,1,10)              # 创建数值为0~1的数组，数组长度为10
print('数组内容为：\n',a)              # 打印数组内容
print('数组长度为：',a.size)          # 打印数组长度
```

运行结果如下：

数组内容为：

[0.   0.11111111 0.22222222 0.33333333 0.44444444 0.55555556
 0.66666667 0.77777778 0.88888889 1.   ]

数组长度为：10

4. logspace()函数

logspace()函数与 linspace ()函数类似，只不过 logspace()函数用于创建等比数列。其中起始值与终止值均为 10 的幂，元素个数不变。如果需要将基数修改为其他数字，可以通过指定 base 参数来实现。

【例 2-5】 使用 logspace ()函数创建的一维数组。代码如下：（实例位置：资源包\Code\第 2 章\2-5）

```
import numpy as np                    # 导入numpy模块

a = np.logspace(0,9,10)              # 创建数值10的0~9次幂，数组长度为10
print('数值10的0~9次幂')
print('数组内容为：\n',a)              # 打印数组内容
print('数组长度为：',a.size)          # 打印数组长度
print('--------------------')
b = np.logspace(0,9,10,base=2)       # 创建数值2的0~9次幂，数组长度为10
print('数值2的0~9次幂')
print('数组内容为：\n',b)              # 打印数组内容
print('数组长度为：',b.size)          # 打印数组长度
```

运行结果如下：

数值10的0~9次幂

数组内容为：

 [1.e+00 1.e+01 1.e+02 1.e+03 1.e+04 1.e+05 1.e+06 1.e+07 1.e+08 1.e+09]

数组长度为：10

数值2的0~9次幂

数组内容为：

 [1.   2.   4.   8. 16. 32. 64. 128. 256. 512.]

数组长度为：10

5. eye()函数

eye()函数用于生成对角线元素为 1，其他元素为 0 的数组，类似于对角矩阵。

【例 2-6】 使用 eye()函数创建数组。代码如下：（实例位置：资源包\Code\第 2 章\2-6）

```
import numpy as np                    # 导入numpy模块
a = np.eye(3)                        # 创建3*3数组
print('数组内容为：\n',a)              # 打印数组内容
```

运行结果如下：

数组内容为：

[[1. 0. 0.]

 [0. 1. 0.]

 [0. 0. 1.]]

6. diag()函数

diag()函数与 eye()函数类似,可以指定对角线中的元素,可以是 0 或其他值,对角线以外的其他元素均为 0。

【例 2-7】 使用 diag ()函数创建数组。代码如下:(实例位置:资源包\Code\第 2 章\2-7)

```
import numpy as np                # 导入numpy模块

a = np.diag([1,2,3,4,5])          # 创建5*5数组
print('数组内容为: \n',a)          # 打印数组内容
```

运行结果如下:

```
数组内容为:
 [[1 0 0 0 0]
 [0 2 0 0 0]
 [0 0 3 0 0]
 [0 0 0 4 0]
 [0 0 0 0 5]]
```

2.2.2 生成随机数

NumPy 模块中提供了一个 random 子模块,通过该子模块可以很轻松地创建出随机数数组。random 子模块中包含多种产生随机数的函数。常见函数及其用法如下。

生成随机数

1. rand()函数

rand()函数用于生成一个任意维数的数组,数组的元素取自 0~1 上的均分布,如果没有设置参数的情况下,则生成一个数。

【例 2-8】 使用 rand()函数创建一个随机数组。代码如下:(实例位置:资源包\Code\第 2 章\2-8)

```
import numpy as np                # 导入numpy模块

a = np.random.rand(2,3,2)         # 创建随机数组
print('数组内容为: \n',a)          # 打印数组内容
print('数组形状为: ',a.shape)      # 打印数组形状
print('数组维数为: ',a.ndim)       # 打印数组维数
```

运行结果如下:

```
数组内容为:
 [[[0.73907586 0.87176277]
  [0.42022933 0.77297553]
  [0.47148362 0.48561028]]

 [[0.86624807 0.78783422]
  [0.3208552  0.52580099]
  [0.31325425 0.94394843]]]
数组形状为: (2, 3, 2)
数组维数为: 3
```

2. randint()函数

randint()函数用于生成指定范围的随机数,语法格式如下:

```
numpy.random.randint(low, high=None, size=None, dtype='l')
```

其中 low 与 high 为区间值,low 为最小值,high 为最大值,在没有设置最大值时,取值区间为 0~low,size 参数为数组的形状。

【例2-9】 使用 randint()函数创建一个随机数组。代码如下：（实例位置：资源包\Code\第 2 章\2-9）

```
import numpy as np                         # 导入numpy模块

a = np.random.randint(2,10, size=(2,2,3))  # 创建随机数组
print('数组内容为：\n',a)                   # 打印数组内容
print('数组形状为：',a.shape)               # 打印数组形状
```

运行结果如下：

```
数组内容为：
 [[[6 5 9]
  [2 9 4]]

 [[6 4 5]
  [5 6 8]]]
数组形状为： (2, 2, 3)
```

3. random()函数

random()函数同样是用于生成一个 0~1 的浮点型随机数的数组，只是如果在 random()函数中填写单个数字时将随机生成对应数量的元素数组，在指定数组的形状时需要通过元组的形式为数组设置形状。

【例2-10】使用 random()函数创建一个随机数组。代码如下：（实例位置：资源包\Code\第 2 章\2-10）

```
import numpy as np            # 导入numpy模块

a = np.random.random(5)       # 创建随机数组
b = np.random.random()        # 创建无参数随机数组
c = np.random.random((2,3))   # 创建指定外形的随机数组
print('数组a内容为：\n',a)     # 打印数组a内容
print('数组b内容为：\n',b)     # 打印数组b内容
print('数组c内容为：\n',c)     # 打印数组c内容
```

运行结果如下：

```
数组a内容为：
 [0.12690107 0.63469113 0.70120584 0.0513001  0.99727611]
数组b内容为：
 0.6376227636726965
数组c内容为：
 [[0.12586269 0.7142219  0.24781609]
 [0.31794615 0.92605066 0.19554479]]
```

2.2.3 切片和索引

ndarray 对象中的内容是可以通过索引或切片来访问和修改的，它与 Python 中列表（list）的切片操作相同。ndarray 对象中元素的索引也是基于 0~n 的下标进行索引的，设置数组中对应索引的起始值、终止值以及步长即可从原数组中切割出一个新的数组。

切片和索引

【例2-11】 通过索引访问一维数组。代码如下：（实例位置：资源包\Code\第 2 章\2-11）

```
import numpy as np              # 导入numpy模块

a = np.arange(10)               # 创建数组
print('数组a内容为： ',a)        # 打印数组a内容
print('索引为3的结果：',a[3])    # 打印索引为3的结果
```

```
print('指定索引范围与步长的结果: ',a[2:5:2])   # 打印从索引 2 开始到索引 5 停止,步长为 2的结果
print('指定索引范围的结果: ',a[2:5])           # 打印从索引 2 开始到索引 5 停止的结果
print('索引为2以后的结果: ',a[2:])             # 打印索引为2以后的结果
print('索引为5以前的结果: ',a[:5])             # 打印索引为5以前的结果
print('索引为-2的结果: ',a[-2])               # 打印索引为-2的结果,-2表示从数组最后往前数的第二个元素
a[1] = 2                                       # 修改指定索引的元素值
print('修改指定索引元素值: ',a)                # 打印修改指定索引元素值以后的数组内容
```

运行结果如下:

```
数组a内容为: [0 1 2 3 4 5 6 7 8 9]
索引为3的结果: 3
指定索引范围与间隔的结果: [2 4]
指定索引范围的结果: [2 3 4]
索引为2以后的结果: [2 3 4 5 6 7 8 9]
索引为5以前的结果: [0 1 2 3 4]
索引为-2的结果: 8
修改指定索引元素值: [0 2 2 3 4 5 6 7 8 9]
```

【例 2-12】 通过索引访问多维数组。代码如下:(实例位置:资源包\Code\第 2 章\2-12)

```
import numpy as np                          # 导入numpy模块

a = np.array([[1,2,3],[4,5,6],[7,8,9]])     # 创建多维数组
print('数组a内容为: \n',a)                   # 打印数组a内容
print('指定索引结果: ',a[1])                 # 打印指定索引结果
print('指定索引范围的结果: \n',a[1:])        # 打印1行以后的元素
print('指定行列结果: ',a[0,1:4])             # 打印第1行中第2、3列元素
print('获取第2列元素: ',a[...,1])            # 打印第2列所有元素
print('获取第2行元素: ',a[1,...])            # 打印第2行所有元素
print('获取第2列及以后的元素: \n',a[...,1:])  # 打印第2列及以后的元素
```

运行结果如下:

```
数组a内容为:
 [[1 2 3]
 [4 5 6]
 [7 8 9]]
指定索引结果: [4 5 6]
指定索引范围的结果:
 [[4 5 6]
 [7 8 9]]
指定行列结果: [2 3]
获取第2列元素: [2 5 8]
获取第2行元素: [4 5 6]
获取第2列及以后的元素:
 [[2 3]
 [5 6]
 [8 9]]
```

2.2.4 修改数组形状

NumPy 模块在修改数组的形状时,可以使用 reshape()函数,该函数可以在不改变数据的条件下修改数据的形状,如果指定的数组形状(维度)与数组的元素数量不符合,

修改数组形状

21

将抛出异常。Reshape()函数的语法格式如下：

```
numpy.reshape(a, newshape, order='C')
```

- ❑ 参数 a，表示要修改形状的数组。
- ❑ 参数 newshape，表示整数或者整数数组，新的形状应当兼容原有形状。
- ❑ 参数 order，'C' 表示按行、'F' 表示按列、'A' 表示原顺序，、'k' 表示元素在内存中的出现顺序。

1. 改变数组维度

【例2-13】 通过 reshape()函数改变数组形状。代码如下：（实例位置：资源包\Code\第 2 章\2-13）

```
import numpy as np                # 导入numpy模块

a = np.arange(9)                  # 创建数组
print('原始数组为: ',a)           # 打印原始数组
b = a.reshape(3,3)                # 修改数组形状
print('修改后的数组为: \n',b)     # 打印修改后的数组
print('修改后数组维度: ',b.ndim)  # 打印修改后数组的维度
```

运行结果如下：

```
原始数组为:  [0 1 2 3 4 5 6 7 8]
修改后的数组为:

 [[0 1 2]
 [3 4 5]
 [6 7 8]]
修改后数组维度:  2
```

2. 展平数组元素

在 NumPy 模块中需要实现展平数组元素时，可以使用 ravel()函数来实现。展平的顺序可以通过函数中 order 参数来进行设置，参数所对应的顺序为'C'表示按行、'F'表示按列、'A'表示原顺序、'k'表示元素在内存中的出现顺序，默认为'C'。

【例2-14】 通过 ravel()函数展平数组元素。代码如下：（实例位置：资源包\Code\第 2 章\2-14）

```
import numpy as np                              # 导入numpy模块

a = np.arange(9).reshape(3,3)                   # 创建二维数组
print('创建的二维数组: \n',a)                   # 打印创建的二维数组
print('按行展平后的数组: ',a.ravel())           # 打印按行展平后的数组
print('按列展平后的数组: ',a.ravel(order = 'F')) # 打印按列展平后的数组
```

运行结果如下：

```
创建的二维数组:
 [[0 1 2]
 [3 4 5]
 [6 7 8]]
按行展平后的数组:  [0 1 2 3 4 5 6 7 8]
按列展平后的数组:  [0 3 6 1 4 7 2 5 8]
```

2.2.5 组合数组

在 NumPy 模块中不仅提供了修改数组形状的函数，还提供了对数组进行组合的函数。数组的组合主要分为三类：横向组合、纵向组合以及沿轴组合。具体内容如下。

组合数组

1. hstack()与 vstack()函数

hstack()函数用于实现水平（横向）堆叠序列中的数组（列方向），而 vstack()函数用于实现垂直（纵向）堆叠序列中的数组（行方向）。

【例 2-15】 实现横向与纵向组合数组。代码如下：（实例位置：资源包\Code\第 2 章\2-15）

```
import numpy as np                  # 导入numpy模块

a = np.array([[1,2],[3,4]])         # 创建数组a
print('数组a为：\n',a)              # 打印数组a
b = np.array([[5,6],[7,8]])         # 创建数组b
print('数组b为：\n',b)              # 打印数组b
c = np.hstack((a,b))                # 横向组合数组
d = np.vstack((a,b))                # 纵向组合数组
print('横向组合后的数组为：\n',c)   # 打印横向组合后的数组
print('纵向组合后的数组为：\n',d)   # 打印纵向组合后的数组
```

运行结果如下：

数组a为：

 [[1 2]

 [3 4]]

数组b为：

 [[5 6]

 [7 8]]

横向组合后的数组为：

 [[1 2 5 6]

 [3 4 7 8]]

纵向组合后的数组为：

 [[1 2]

 [3 4]

 [5 6]

 [7 8]]

2. concatenate()函数

concatenate()函数用于实现沿着指定轴连接相同形状的两个或多个数组，语法格式如下：

```
numpy.concatenate((a1, a2, ...), axis=0)
```

❑ 参数 a1 和 a2 为相同形状的数组。

❑ 参数 axis 为连接数组的轴，默认值为 0。

【例 2-16】 通过 concatenate()函数组合数组。代码如下：（实例位置：资源包\Code\第 2 章\2-16）

```
import numpy as np                          # 导入numpy模块

a = np.array([[1,2],[3,4]])                 # 创建数组a
print('数组a为：\n',a)                      # 打印数组a
b = np.array([[5,6],[7,8]])                 # 创建数组b
print('数组b为：\n',b)                      # 打印数组b
c = np.concatenate((a,b))                   # 默认组合
print('默认组合的数组为：\n',c)             # 打印默认组合的数组
d = np.concatenate((a,b),axis=1)            # 将对应行的数组进行组合
print('组合对应行的数组为：\n',d)           # 打印组合对应行的数组
e = np.concatenate((a,b,[[9,0],[0,9]]),axis=1)  # 组合多个数组
print('组合多个数组为：\n',e)               # 打印组合多个数组
```

运行结果如下：

数组a为：

```
[[1 2]
 [3 4]]
```

数组b为：

```
[[5 6]
 [7 8]]
```

默认组合的数组为：

```
[[1 2]
 [3 4]
 [5 6]
 [7 8]]
```

组合对应行的数组为：

```
[[1 2 5 6]
 [3 4 7 8]]
```

组合多个数组为：

```
[[1 2 5 6 9 0]
 [3 4 7 8 0 9]]
```

2.2.6 数组分割

数组分割

在 NumPy 模块中实现数组的分割时，多数会使用以下 3 种分割函数。

1. hsplit()函数

hsplit()函数用于将一个数组水平分割为多个子数组，通过指定要返回的相同形状的数组数量来拆分原数组。

【例 2-17】 水平分割数组。代码如下：（实例位置：资源包\Code\第 2 章\2-17）

```python
import numpy as np               # 导入numpy模块

a = np.arange(9).reshape(3,3)    # 创建形状3*3的数组
b = np.hsplit(a,3)               # 根据形状分割为3个子数组
print('原数组为：\n',a)          # 打印原数组
print('分割后的数组：\n',b)      # 打印分割后的3个数组
```

运行结果如下：

原数组为：

```
[[0 1 2]
 [3 4 5]
 [6 7 8]]
```

分割后的数组：

```
[array([[0],
       [3],
       [6]]), array([[1],
       [4],
       [7]]), array([[2],
       [5],
       [8]])]
```

说明

根据以上实例的运行结果可以看出，使用 hsplit()函数实现数组分割时，是以列的方式将数组元素分割为一个新的数组。

2. vsplit()函数

vsplit()函数在用法上与 hsplit()函数类似，只是分割的方式不同，该函数是以原数组垂直分割的方式进行数组的分割，分割后的数组为将原数组中每行的数组元素作为一个新的数组。

【例 2-18】 垂直分割数组。代码如下：（实例位置：资源包\Code\第 2 章\2-18）

```
import numpy as np                # 导入numpy模块

a = np.arange(9).reshape(3,3)     # 创建形状3*3的数组
b = np.vsplit(a,3)                # 根据形状分割为3个子数组
print('原数组为：\n',a)            # 打印原数组
print('分割后的数组：\n',b)         # 打印分割后的3个数组
```

运行结果如下：

原数组为：

```
 [[0 1 2]
 [3 4 5]
 [6 7 8]]
```

分割后的数组：

```
 [array([[0, 1, 2]]), array([[3, 4, 5]]), array([[6, 7, 8]])]
```

3. split()函数

split()函数可以实现沿着特定的轴将原数组分割为多个子数组，语法格式如下：

```
numpy.split(ary, indices_or_sections, axis = 0 )
```

- ❑ 参数 ary 为需要被分割的数组。
- ❑ 参数 indices_or_sections 是一个整数时，就通过该参数平均分割数组，如果该参数为一个数组，将沿轴分割数组的位置。
- ❑ 参数 axis 为要分割的轴，默认为 0。

【例 2-19】 通过 split()函数实现数组分割。代码如下：（实例位置：资源包\Code\第 2 章\2-19）

```
import numpy as np                # 导入numpy模块

a = np.arange(9)                  # 创建数组
b = np.split(a,3)                 # 平均分割3个数组
c = np.split(a,[2,4,6])           # 数组分割
print('原数组为：',a)              # 打印原数组
print('平均分割后的数组：',b)        # 打印平均分割后的数组
print('数组分割后的数组：',c)        # 打印数组分割后的数组
```

运行结果如下：

原数组为： [0 1 2 3 4 5 6 7 8]
平均分割后的数组： [array([0, 1, 2]), array([3, 4, 5]), array([6, 7, 8])]
数组分割后的数组： [array([0, 1]), array([2, 3]), array([4, 5]), array([6, 7, 8])]

2.3 NumPy 模块中函数的应用

NumPy 模块中不仅提供了多种操作数组的函数，还提供了数学函数、算术、函数、统计函数以及矩阵运算的相关函数。

2.3.1 数学函数

NumPy 模块提供了大量的数学运算的函数，比较常见的如三角函数以及四舍五入的函数。常见的数学函数如下。

数学函数

1. 三角函数

通过 NumPy 模块即可直接调用三角函数中任意一个方法，例如，获取正弦、余弦以及正切等。

【例 2-20】通过 NumPy 模块实现常用的三角函数。代码如下：(实例位置：资源包\Code\第 2 章\2-20)

```
import numpy as np                               # 导入numpy模块

a = np.array([0,30,60,90])                       # 模拟不同角度的数组
print('正弦弧度为：',np.sin(a))                     # 打印正弦弧度
print('正弦值为：',np.sin(a*np.pi/180))            # 打印正弦值
print('余弦值为：',np.cos(a*np.pi/180))            # 打印余弦值
print('正切值为：',np.tan(a*np.pi/180))            # 打印正切值
print('斜边值为：',np.hypot(13,12))               # 打印斜边值，根据已知两个边的值计算斜边值
arcsin = np.arcsin(np.sin(a*np.pi/180))           # 反正弦弧度，参数为正弦值
print('反正弦弧度为',arcsin)                        # 打印反正弦弧度
print('反正弦弧度转换为角度：',np.degrees(arcsin))   # 打印用反正弦弧度转换的角度
print('角度转换为弧度：',np.radians(a))             # 打印用角度转换的弧度
print('弧度转换为角度：',np.rad2deg(np.radians(a))) # 打印弧度转换的角度
```

运行结果如下：

```
正弦弧度为： [ 0.         -0.98803162 -0.30481062  0.89399666]
正弦值为： [0.         0.5         0.8660254 1.        ]
余弦值为： [1.00000000e+00 8.66025404e-01 5.00000000e-01 6.12323400e-17]
正切值为： [0.00000000e+00 5.77350269e-01 1.73205081e+00 1.63312394e+16]
斜边值为： 17.69180601295413
反正弦弧度为 [0.         0.52359878 1.04719755 1.57079633]
反正弦弧度转换为角度： [ 0. 30. 60. 90.]
角度转换为弧度： [0.         0.52359878 1.04719755 1.57079633]
弧度转换为角度： [ 0. 30. 60. 90.]
```

2. 数值修约

数值修约是指在进行具体的数值运算前，按照一定的规则确定一致的位数，然后舍去某些数字后面多余的尾数的过程。四舍五入就是数值修约中的一种。

【例 2-21】通过 NumPy 模块实现常用的数值修约。代码如下：(实例位置：资源包\Code\第 2 章\2-21)

```
import numpy as np                                    # 导入numpy模块

a = np.random.uniform(range(1,6),6)                   # 产生5个6以内的随机小数
print('原小数数组为：',a)                               # 打印原小数数组
print('默认四舍五入后：',np.around(a))                  # 打印默认四舍五入后的结果
print('四舍五入右侧一位：',np.around(a,decimals=1))     # 打印四舍五入右侧一位结果
print('四舍五入左侧一位：',np.around(a,decimals=-1))    # 打印四舍五入左侧一位结果
print('最接近的整数',np.rint(a))                        # 打印四舍五入最接近的整数
print('比小数小的最接近整数：',np.floor(a))              # 打印比小数小的最接近整数
print('比小数大的最接近整数：',np.ceil(a))               # 打印比小数大的最接近整数
print('向0舍入到最接近的整数：',np.fix(a))               # 打印向0舍入到最接近的整数
```

运行结果如下：

原小数数组为: [3.64087191 3.0610863 4.4374495 5.7698337 5.51880566]
默认四舍五入后: [4. 3. 4. 6. 6.]
四舍五入右侧一位: [3.6 3.1 4.4 5.8 5.5]
四舍五入左侧一位: [0. 0. 0. 10. 10.]
最接近的整数 [4. 3. 4. 6. 6.]
比小数小的最接近整数: [3. 3. 4. 5. 5.]
比小数大的最接近整数: [4. 4. 5. 6. 6.]
向0舍入到最接近的整数: [3. 3. 4. 5. 5.]

2.3.2 算术函数

算术函数

NumPy 模块中也提供了一些用于算术运算的函数，使用起来会比 Python 提供的运算符灵活一些，主要是可以直接针对数组，需要注意的是数组必须具有相同的形状或者是符合数组广播规则。

【例2-22】 通过 NumPy 模块实现常用的算术函数。代码如下:(实例位置:资源包\Code\第2章\2-22)

```python
import numpy as np                    # 导入numpy模块

a = np.random.uniform(range(1,6),6)  # 产生5个6以内的随机小数
b = np.random.uniform(range(1,6),6)  # 产生5个6以内的随机小数
print('随机产生数组a',a)
print('随机产生数组b',b)
print('数组相加结果: ',np.add(a,b))
print('数组相减结果: ',np.subtract(a,b))
print('数组相乘结果: ',np.multiply(a,b))
print('数组相除结果: ',np.divide(a,b))
print('数组a倒数结果: ',np.reciprocal(a))
print('数组a对应负数为: ',np.negative(a))
print('数组a对应数组b元素中的幂: ',np.power(a,b))
print('数组a与数组b元素求余: ',np.mod(a,b))
```

运行结果如下:

随机产生数组a [1.33146053 5.42981736 5.8083193 4.95347145 5.87006745]
随机产生数组b [2.41220803 2.11593267 5.99591657 5.13329905 5.26816764]
数组相加结果: [3.74366856 7.54575003 11.80423587 10.0867705 11.13823509]
数组相减结果: [-1.0807475 3.31388469 -0.18759727 -0.1798276 0.60189981]
数组相乘结果: [3.21175978 11.48912796 34.82619792 25.4276503 30.92449939]
数组相除结果: [0.55196754 2.56615791 0.96871249 0.96496841 1.11425221]
数组a倒数结果: [0.75105493 0.18416826 0.17216684 0.20187862 0.17035579]
数组a对应负数为: [-1.33146053 -5.42981736 -5.8083193 -4.95347145 -5.87006745]
数组a对应数组b元素中的幂: [1.99482920e+00 3.58720386e+01 3.81226383e+04 3.69129811e+03
 1.12031632e+04]
数组a与数组b元素求余: [1.33146053 1.19795202 5.8083193 4.95347145 0.60189981]

2.3.3 统计函数

统计函数

NumPy 模块提供了很多统计函数，用于统计数组中最大元素、最小元素以及数组中元素总和等。常见的统计函数如下。

1. 获取最大值

NumPy 模块中提供了 amax() 函数,该函数不仅可以获取一维数组中的最大元素值,

还可以获取多维数组中最大的元素值。并且在获取多维数组中的最大元素值时，可以根据指定的 axis（轴）参数进行最大元素值的获取，当 axis=0 时将以列的方式进行获取，axis=1 时将以行的方式进行获取。

【例2-23】通过 amax()函数获取数组中的最大值。代码如下：（实例位置：资源包\Code\第 2 章\2-23）

```
import numpy as np                                    # 导入numpy模块

a = np.array([1, 2, 3, 4, 5, 6, 7, 8, 9])            # 一维数组a
b = np.array([[1, 3, 5], [2, 4, 6], [8, 10, 12]])    # 多维数组b
print('数组a中最大元素为: ', np.amax(a))              # 打印数组a中最大元素
print('数组b中最大元素为: ', np.amax(b))              # 打印数组b中最大元素
print('原数组b: \n', b)  # 打印原数组b
print('以列方式获取数组b最大元素为: ', np.amax(b, axis=0)) # 打印以列方式获取数组b最大元素
print('以行方式获取数组b最大元素为: ', np.amax(b, axis=1)) # 打印以行方式获取数组b最大元素
```

运行结果如下：

```
数组a中最大元素为:  9
数组b中最大元素为:  12
原数组b:
 [[ 1  3  5]
 [ 2  4  6]
 [ 8 10 12]]
以列方式获取数组b最大元素为:  [ 8 10 12]
以行方式获取数组b最大元素为:  [ 5  6 12]
```

 说明　在 NumPy 模块中还可以通过 numpy. amin ()函数来获取数组中最小的元素值，用法与 numpy.amax()函数相同，只是获取的值不同。

2. 获取数组中最大值与最小值的差

在 NumPy 模块中可以通过 ptp()函数来计算数组中元素最大值与最小值的差。

【例2-24】通过 ptp()函数计算数组中元素最大值与最小值的差。代码如下：（实例位置：资源包\Code\第 2 章\2-24）

```
import numpy as np                                    # 导入numpy模块

a = np.array([1, 2, 3, 4, 5, 6, 7, 8, 9])            # 一维数组a
b = np.array([[1, 3, 5], [2, 4, 6], [8, 10, 12]])    # 多维数组b
print('数组a中元素差为: ', np.ptp(a))                 # 打印数组a中元素差
print('数组b中元素差为: ', np.ptp(b))                 # 打印数组b中元素差
print('以列方式计算数组b元素为: ', np.ptp(b, axis=0))  # 打印以列方式计算数组b的元素差
print('以行方式计算数组b元素为: ', np.ptp(b, axis=1))  # 打印以行方式计算数组b的元素差
```

运行结果如下：

```
数组a中元素差为:  8
数组b中元素差为:  11
以列方式计算数组b元素为:  [7 7 7]
以行方式计算数组b元素为:  [4 4 4]
```

3. 获取数组元素总和

在 NumPy 模块中可以通过 sum()函数来计算数组中所有元素的和。

【例 2-25】 通过 sum()函数计算数组中所有元素的和。代码如下：（实例位置：资源包\Code\第 2 章 \2-25）

```python
import numpy as np                              # 导入numpy模块

a = np.array([1, 2, 3, 4, 5, 6, 7, 8, 9])       # 一维数组a
b = np.array([[1, 3, 5], [2, 4, 6], [8, 10, 12]]) # 多维数组b
print('数组a所有元素的和: ', np.sum(a))          # 打印数组a所有元素的和
print('数组b所有元素的和: ', np.sum(b))          # 打印数组b所有元素的和
# 打印以列方式获取数组b所有元素和
print('以列方式计算数组b所有元素和: ', np.sum(b, axis=0))
# 打印以行方式获取数组b所有元素和
print('以行方式获取数组b所有元素和: ', np.sum(b, axis=1))
```

运行结果如下：

```
数组a所有元素的和: 45
数组b所有元素的和: 51
以列方式计算数组b所有元素和: [11 17 23]
以行方式获取数组b所有元素和: [ 9 12 30]
```

 在 NumPy 模块中还提供了获取数组元素的中间数（中间值）的 numpy.median()函数以及获取数组元素平均值的 numpy.mean()函数，这两个函数的使用方式与以上的统计函数使用方式相同，这里将不再进行实例的列举。

4. 获取数组元素的百分位数

在 NumPy 模块中可以通过 percentile()函数来获取数组元素的百分位数，该函数的语法格式如下：

```
numpy.percentile(a, q, axis)
```

❑ 参数 a 为输入的数组。
❑ 参数 q 为要计算的百分比的数字，该数字在 0~100。
❑ 参数 axis 为沿着计算百分位数的轴。

【例 2-26】 通过 percentile()函数计算数组的百分位数。代码如下：（实例位置：资源包\Code\第 2 章\2-26）

```python
import numpy as np  # 导入numpy模块

a = np.array([1,5,10])  # 一维数组a
b = np.array([[1, 3, 5], [2, 4, 6]])  # 多维数组b

print('数组a百分位为50的值: ',np.percentile(a,50))      # 打印数组a百分位为50的值
print('数组b百分位为50的值: ',np.percentile(b,50))      # 打印数组b百分位为50的值
# 打印以列方式计算数组b百分位为50的值
print('以列方式计算数组b百分位为50的值: ',np.percentile(b,50,axis=0))
# 打印以行方式计算数组b百分位为50的值
print('以行方式计算数组b百分位为50的值: ',np.percentile(b,50,axis=1))
```

运行结果如下：

```
数组a百分位为50的值: 5.0
数组b百分位为50的值: 3.5
以列方式计算数组b百分位为50的值: [1.5 3.5 5.5]
以行方式计算数组b百分位为50的值: [3. 4.]
```

> **说明** 在以上实例中的运行结果可以看出，计算数组百分位为 50 的值，也就是数组元素的中间数（中间值），通过这样的规律可以更好地理解数组中百分位数的计算。

2.3.4 矩阵函数

矩阵函数

矩阵并不是数组（ndarray 对象），矩阵是继承了 NumPy 数组对象的二维数组对象，与数学概念中的矩阵相同，所以矩阵也是二维的。而 ndarray 对象是一个 n 维数组，两个对象都是可互换的。

1. matlib 子模块

在 NumPy 模块中提供了一个 matlib 子模块，该子模块中的函数返回的是一个矩阵，通过该模块可以快速地创建一些矩阵。

【例 2-27】 通过 matlib 子模块快速创建矩阵。代码如下：（实例位置：资源包\Code\第 2 章\2-27）

```
from numpy import matlib  # 导入矩阵子模块

# empty()函数中参数shape为指定矩阵的形状，参数dtype为数据类型
# order为'C'时，表示行序优先，为'F'时，表示列序优先
print('随机数矩阵：\n',matlib.empty((3,3),dtype='int32'))    # 打印创建的随机数矩阵
print('以数字1填充的矩阵：\n',matlib.ones((3,3)))             # 打印创建以数字1填充的矩阵
print('以数字0填充的矩阵：\n',matlib.zeros((3,3)))            # 打印创建以数字0填充的矩阵
# 打印创建对角线为1的矩阵，其中参数n为行数，M为列数，k为对角线索引，dtype为数据类型
print('对角线为1的矩阵：\n',matlib.eye(n=3,M=3,k=0,dtype=int))
```

运行结果如下：

```
随机数矩阵：
 [[13631702 16384185 15335601]
 [12320983 11600074 14942396]
 [ 5111808  3997767  6619204]]
以数字1填充的矩阵：
 [[1. 1. 1.]
 [1. 1. 1.]
 [1. 1. 1.]]
以数字0填充的矩阵：
 [[0. 0. 0.]
 [0. 0. 0.]
 [0. 0. 0.]]
对角线为1的矩阵：
 [[1 0 0]
 [0 1 0]
 [0 0 1]]
```

2. NumPy 中的矩阵函数

NumPy 模块中也提供了一些关于矩阵的函数，例如，创建矩阵或者是将矩阵与数组进行互换。

【例 2-28】 NumPy 模块中的矩阵函数。代码如下：（实例位置：资源包\Code\第 2 章\2-28）

```
import numpy as np
```

```
a = np.array([[1, 2, 3], [4, 5, 6], [7, 8, 9]])    # 创建数组a
b = np.mat(a)                                        # 矩阵b
c = np.mat('123;456;789')                            # 矩阵c
print('创建矩阵b: \n',b)                             # 打印矩阵b
print('创建矩阵c: \n',c)                             # 打印矩阵c
print('矩阵b类型: ',type(b),'矩阵c类型: ',type(c))
print('矩阵b转换为数组: ',type(np.asarray(b)))       # 打印将矩阵b转换为数组类型
print('数组a转换为矩阵: ',type(np.asmatrix(a)))      # 打印将数组a转换为矩阵类型
```

运行结果如下：

```
创建矩阵b:
 [[1 2 3]
 [4 5 6]
 [7 8 9]]
创建矩阵c:
 [[123]
 [456]
 [789]]
矩阵b类型: <class 'numpy.matrix'> 矩阵c类型: <class 'numpy.matrix'>
矩阵b转换为数组: <class 'numpy.ndarray'>
数组a转换为矩阵: <class 'numpy.matrix'>
```

2.4 广播机制

广播机制

广播（Broadcast）机制只有在实现两个形状不同的数组计算时才会触发，例如，数组 a 和数组 b 的形状相同，那么数组 a 乘以数组 b 的结果就是两个数组对应位相乘，这样的计算需要维数与维度长度相同。示例代码如下：

```
import numpy as np                              # 导入模块

a = np.array([1,2,3])                           # 数组a
b = np.array([4,5,6])                           # 数组b
# 打印数组a与数组b相乘结果
print('数组a与数组b相乘结果为: ',a*b)
```

运行结果如下：

```
数组a与数组b相乘结果为:  [ 4 10 18]
```

当计算两个不同形状的数组时，NumPy 将自动触发广播机制。示例代码如下：

```
import numpy as np                              # 导入模块

a = np.array([[1,1,1],[2,2,2],[3,3,3]])        # 数组a
b = np.array([10,20,30])                        # 数组b
# 打印数组a与数组b相乘结果
print('数组a与数组b相乘结果为: \n',a*b)
```

运行结果如下：

```
数组a与数组b相乘结果为:
 [[10 20 30]
 [20 40 60]
 [30 60 90]]
```

当 NumPy 启动广播机制时，需要将较小的数组形状进行扩展，让两个数组形状相同，以便于进行两个数组元素的计算。扩展数组的过程如图 2-3 所示。

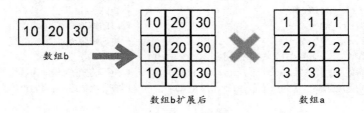

图 2-3　应用广播机制的计算过程

如果需要实现两个形状不同维度不同的数组计算时，广播机制依然适用。示例代码如下：

```
a=np.arange(0, 6).reshape(6, 1)      # 创建6行1列的二维数组
b=np.arange(0, 5)                     # 创建5列的一维数组
print('数组a、b之和为：\n',a+b)      # 打印数组a、b之和
```

运行结果如下：

```
数组a、b之和为：
 [[0 1 2 3 4]
 [1 2 3 4 5]
 [2 3 4 5 6]
 [3 4 5 6 7]
 [4 5 6 7 8]
 [5 6 7 8 9]]
```

小　结

　　本章主要介绍了功能比较强大的 NumPy 模块，该模块可以快速地解决多种数组问题，让比较繁琐的数组应用变得更加简单。本章不仅介绍了数组应用函数，还介绍了许多比较常用的数学函数，并且在最后讲述了 NumPy 模块中数组运算时自动触发的广播机制，方便了开发者在实现两个不同形状不同维度的数组计算。本章内容与实例较多，希望读者多加练习，灵活运用 NumPy 模块中的各种函数。

习　题

2-1　简述 NumPy 模块的由来与作用？

2-2　NumPy 常用的数据类型都有哪些？答出 5 个以上即可。

2-3　简述什么是 ndarray 对象。

2-4　通过哪个函数可以快速地生成一个任意维数的数组？

2-5　简述什么是广播机制。

第3章

pandas模块实现统计分析

■ pandas 模块是一个开源的并且通过 BSD 许可的库，主要为 Python 语言提供了高性能、易于使用的数据结构和数据分析工具。本章将主要介绍 pandas 模块的具体使用方式。

本章要点

- 安装pandas模块
- pandas数据结构
- 文件的读写操作
- pandas对数据的操作
- 数据的预处理

3.1 安装 pandas 模块

安装 pandas 模块

在安装 pandas 模块时可以使用 pip 的安装方式，首先需要进入 cmd 窗口当中，然后在 cmd 窗口当中执行如下代码：

```
python -m pip install --upgrade pandas
```

pandas 模块安装完成以后，在 Python 窗口中输入以下代码测试一下是否可以正常导入已经安装的 pandas 模块即可。

```
import pandas
```

除了 pip 的安装方式以外，还可以使用第三方开发工具进行 pandas 模块的安装，例如使用 PyCharm 开发工具安装 pandas 模块时，首先需要进入图 3-1 所示的 "Settings" 窗体，然后单击 "Project Interpreter" 选项，在右侧窗口中选择添加模块的按钮。

图 3-1　选择添加模块的按钮

单击 "添加模块" 的按钮以后，在图 3-2 所示界面中的搜索栏输入需要添加的模块名称为 "pandas"，然后选择需要安装的 "pandas" 模块，最后，单击 "Install Package" 按钮即可实现 pandas 模块的安装。

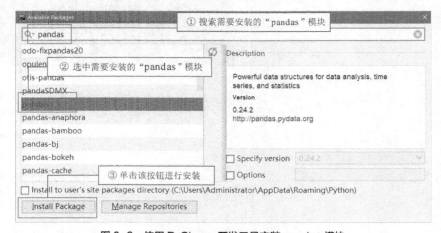

图 3-2　使用 PyCharm 开发工具安装 pandas 模块

3.2 pandas 数据结构

pandas 的数据结构中有两大核心，分别是 Series 与 DataFrame。其中 Series 是一维数组，它和 Numpy 中的一维数组类似。这两种一维数组与 Python 中的基本数据结构 List 相近，Series 可以保存多种数据类型的数据，如布尔值、字符串、数字类型等。DataFrame 是一种二维的表格形式的数据结构，它类似于 Excel 表格。

3.2.1 Series 对象

1. 创建 Series 对象

在创建 Series 对象时，只需要将数组形式的数据传入 Series() 构造函数中即可。示例代码如下：

Series 对象

```python
import pandas                        # 导入数据统计模块

data = ['A','B','C']                 # 创建数据数组

series = pandas.Series(data)    # 创建Series对象
print(series)                   # 打印Series对象内容
```

运行结果如图 3-3 所示。

```
0    A
1    B
2    C
dtype: object
```

图 3-3　打印 Series 对象内容

在图 3-3 所示的打印结果中，左侧的数字列为索引，右侧的字母列为索引对应的元素。Series 对象在没有指定索引时，将默认生成从 0 开始依次递增的索引值。

在创建 Series 对象时，是可以指定索引项的，例如指定索引项为 a、b 或 c。示例代码如下：

```python
import pandas                                # 导入数据统计模块

data = ['A','B','C']                         # 创建数据数组
index = ['a','b','c']                        # 创建索引数组
series = pandas.Series(data,index=index)  # 创建指定索引的Series对象
print(series)                             # 打印指定索引的Series对象内容
```

运行结果如图 3-4 所示。

```
a    A
b    B
c    C
dtype: object
```

图 3-4　打印指定索引的 Series 对象内容

2. 访问数据

在访问 Series 对象中的数据时，可以单独访问索引数组或者是元素数组。

【例 3-1】 单独访问索引数组或者是元素数组。代码如下：（实例位置：资源包\Code\第 3 章\3-1）

```
print('索引数组为：',series.index)              # 打印索引数组
print('元素数组为：',series.values)             # 打印元素数组
```

运行结果如下：

```
索引数组为： Index(['a', 'b', 'c'], dtype='object')
元素数组为： ['A' 'B' 'C']
```

如果需要获取指定下标的数组元素时，可以直接通过"Series 对象[下标]"的方式进行数组元素的获取，数组下标从 0 开始。

【例 3-2】 指定索引获取对应的数组元素。代码如下：（实例位置：资源包\Code\第 3 章\3-2）

```
print('指定下标的数组元素为：',series[1])        # 打印指定下标的数组元素
print('指定索引的数组元素为：',series['a'])      # 打印指定索引的数组元素
```

运行结果如下：

```
指定下标的数组元素为： B
指定索引的数组元素为： A
```

如果需要获取多个下标对应的 Series 对象时，可以指定下标范围。

【例 3-3】 获取指定下标范围的数组元素。代码如下：（实例位置：资源包\Code\第 3 章\3-3）

```
# 打印下标为0、1、2对应的Series对象
print('获取多个下标对应的Series对象：\n',series[0:3])
```

运行结果如下：

```
获取多个下标对应的Series对象：
a    A
b    B
c    C
dtype: object
```

不仅可以通过指定下标范围的方式获取 Series 对象，还可以通过指定多个索引的方式获取 Series 对象。

【例 3-4】 通过指定多个索引的方式获取 Series 对象。代码如下：（实例位置：资源包\Code\第 3 章\3-4）

```
# 打印索引为a、b对应的Series对象
print('获取多个索引对应的Series对象:\n',series[['a','b']])
```

运行结果如下：

```
获取多个索引对应的Series对象：
a    A
b    B
dtype: object
```

3. 修改元素值

在修改 Series 对象的元素值时，同样可以通过指定下标或者是指定索引的方式来实现。

【例 3-5】 修改 Series 对象的元素值。代码如下：（实例位置：资源包\Code\第 3 章\3-5）

```
series[0] = 'D'                              # 修改下标为0的元素值
print('修改下标为0的元素值：\n',series)        # 打印修改元素值以后的Series对象
```

```
series['b'] = 'A'                        # 修改索引为b的元素值
print('修改索引为b的元素值：\n',series)   # 打印修改元素值以后的Series对象
```

运行结果如下：

```
修改下标为0的元素值：
a    D
b    B
c    C
dtype: object
修改索引为b的元素值：
a    D
b    A
c    C
dtype: object
```

3.2.2 DataFrame 对象

DataFrame 对象

在创建 DataFrame 对象时，需要通过字典来实现 DataFrame 对象的创建。其中每列的名称为键，而每个键对应的是一个数组，这个数组作为值。示例代码如下：

```
import pandas                          # 导入数据统计模块

data = {'A': [1, 2, 3, 4, 5],
        'B': [6, 7, 8, 9, 10],
        'C':[11,12,13,14,15]}
data_frame = pandas.DataFrame(data)    # 创建DataFrame对象
print(data_frame)                      # 打印DataFrame对象内容
```

运行结果如图 3-5 所示。

图 3-5　打印创建的 DataFrame 对象内容

 在图 3-5 所示的打印结果中，左侧单独的数字列为索引，在没有指定特定的索引时，DataFrame 对象默认的索引将从 0 开始递增。右侧 A、B、C 列名为键，列名对应的值为数组。

DataFrame 对象同样可以单独指定索引名称，指定方式与 Series 对象类似。示例代码如下：

```
import pandas                          # 导入数据统计模块

data = {'A': [1, 2, 3, 4, 5],
        'B': [6, 7, 8, 9, 10],
        'C':[11,12,13,14,15]}
index = ['a','b','c','d','e']          # 自定义索引
data_frame = pandas.DataFrame(data,index = index)   # 创建自定义索引DataFrame对象
print(data_frame)                      # 打印DataFrame对象内容
```

运行结果如下：

```
   A  B   C
a  1  6  11
b  2  7  12
c  3  8  13
d  4  9  14
e  5  10 15
```

如果数据中含有不需要的数据列时，可以在创建 DataFrame 对象时指定需要的数据列名来创建
DataFrame 对象。示例代码如下：

```python
import pandas                                        # 导入数据统计模块

data = {'A': [1, 2, 3, 4, 5],
        'B': [6, 7, 8, 9, 10],
        'C':[11,12,13,14,15]}
data_frame = pandas.DataFrame(data,columns=['B','C']) # 创建指定列名的DataFrame对象
print(data_frame)                                    # 打印DataFrame对象内容
```

运行结果如下：

```
   B   C
0  6  11
1  7  12
2  8  13
3  9  14
4  10 15
```

3.3 读、写数据

3.3.1 读、写文本文件

读、写文本文件

csv 文件是文本文件的一种，该文件中每一行数据的多个元素是使用逗号进行分隔
的。pandas 提供了 read_csv()函数用于 csv 文件的读取工作。read_csv()函数中常用的参数及含义如表 3-1 所示。

表 3-1 read_csv()函数常用参数含义

参 数 名	参 数 含 义
filepath_or_buffer	表示文件路径的字符串
sep	字符串类型，表示分隔符，默认为逗号 "，"
header	表示将哪一行数据作为列名
names	为读取后的数据设置列名，默认为 None
index_col	通过列索引指定列的位置，默认为 None
skiprows	整数类型，需要跳过的行号，从文件内数据的开始处算起
skipfooter	整数类型，需要跳过的行号，从文件内数据的末尾处算起
na_values	将指定的值设置为 NaN
nrows	整数类型，设置需要读取数据中的前 n 行数据
encoding	字符串类型，用于设置文本编码格式。例如，"utf-8" 表示用 UTF-8 编码
squeeze	设置为 True,表示如果解析的数据只包含一列，则返回一个 Series。默认为 False
engine	表示数据解析的引擎，可以指定为 c 或 python，默认为 c

在实现一个简单的读取 csv 文件时，直接调用 pandas.read_csv()函数，然后指定文件路径即可。

【例 3-6】 通过 pandas.read_csv()函数读取 csv 文件内容。代码如下：（实例位置：资源包\Code\第 3 章\3-6）

```
import pandas                        # 导入数据统计模块

data = pandas.read_csv('test.csv')    # 读取csv文件信息
print('读取的csv文件内容为：\n',data)   # 打印读取的文件内容
```

运行结果如下：

读取的csv文件内容为：
```
  A B C D E
0 1 2 3 4 5
1 3 4 2 8 7
2 5 6 4 9 3
```

如果读取的结果中出现乱码现象，可以根据原文件的编码方式进行编码读取即可。

在实现 csv 文件的写入工作时，pandas 提供了 to_csv()方法，该方法中的常用参数及含义如表 3-2 所示。

表 3-2 to_csv()方法常用参数含义

参 数 名	参 数 含 义
filepath_or_buffer	表示文件路径的字符串
sep	字符串类型，表示分隔符，默认为逗号 ","
na_rep	字符串类型，用于替换缺失值，默认为空
float_format	字符串类型，指定浮点数据的格式，例如，'%.2f'表示保留两位小数
columns	表示指定写入哪列数据的列名，默认为 None
header	表示是否写入数据中的列名，默认为 False，表示不写入
index	表示是否将行索引写入文件，默认为 True
mode	字符串类型，表示写入模式默认为 "w"
encoding	字符串类型，表示写入文件的编码格式

【例 3-7】 实现将读取出来的数据指定列写入新的文件中。代码如下：（实例位置：资源包\Code\第 3 章\3-7）

```
import pandas                                        # 导入数据统计模块

data = pandas.read_csv('test.csv')                    # 读取csv文件信息
# 将读取的信息中指定列，写入新的文件中
data.to_csv('new_test.csv',columns=['D','E'],index=False)
new_data = pandas.read_csv('new_test.csv')   # 读取新写入的csv文件信息
print('读取新的csv文件内容为：\n',new_data)    # 打印新文件信息
```

运行结果如下：

读取新的csv文件内容为：

```
   D E
0  4 5
1  8 7
2  9 3
```

3.3.2 读、写 Excel 文件

Excel 文件是一个大家都比较熟悉的文件，该文件主要常用于办公用的表格文件。Excel 是微软公司推出的办公软件中的一个组件。Excel 文件的扩展名目前有两种：一种为.xls，另一种为.xlsx。其扩展名主要是根据 Microsoft Office 办公软件的版本决定的。

读、写 Excel 文件

pandas 提供了 read_excel() 函数用于 Excel 文件的读取工作，该函数中常用的参数及含义如表 3-3 所示。

表 3-3　read_excel() 函数常用参数含义

参 数 名	参 数 含 义
io	表示文件路径的字符串
sheet_name	表示指定 Excel 文件内的分表位置，返回多表可以使用 sheet_name =[0,1]，默认为 0
header	表示指定哪一行数据作为列名，默认为 0
skiprows	整数类型，需要跳过的行号，从文件内数据的开始处算起
skipfooter	整数类型，需要跳过的行号，从文件内数据的末尾处算起
index_col	通过列索引指定列的位置，默认为 None
names	指定列的名字

在没有特殊要求的情况下，读取 Excel 文件内容与读取 csv 文件内容相同，直接调用 pandas.read_excel() 函数即可。

【例 3-8】 通过 pandas.read_excel() 函数读取 Excel 文件内容。代码如下：（实例位置：资源包\Code\第 3 章\3-8）

```python
import pandas  # 导入数据统计模块

# 读取Excel文件内容
data = pandas.read_excel('test.xlsx')
print('读取的Excel文件内容为：\n', data)
```
运行结果如下：
```
读取的Excel文件内容为：
   A B C D  E
0  1 2 3 4  5
1  6 7 8 9  10
```

在实现 Excel 文件的写入工作时，通过 DataFrame 的数据对象直接调用 to_excel() 方法即可，参数含义与 to_csv() 方法类似。

【例 3-9】 通过 to_excel() 方法向 Excel 文件内写入信息。代码如下：（实例位置：资源包\Code\第 3 章\3-9）

```python
import pandas  # 导入数据统计模块
```

```
# 读取Excel文件内容
data = pandas.read_excel('test.xlsx')
# 将读取的信息中指定列，写入新的文件中
data.to_excel('new_test.xlsx',columns=['A','B'],index=False)
new_data = pandas.read_excel('new_test.xlsx',) # 读取新写入的Excel文件信息
print('读取新的Excel文件内容为：\n',new_data)
```

运行结果如下：

读取新的Excel文件内容为：

```
   A B
0  1 2
1  6 7
```

3.3.3 读、写数据库数据

通过 pandas 实现数据库数据的读、写操作时，首先需要进行数据库的连接，然后通过调用 pandas 所提供的数据库读、写函数与方法来实现数据库数据的读、写操作。在实现数据库连接时可以根据不同的数据库安装相应的数据库操作模块，这里将以 MySQL 数据库为例，进行 pandas 数据库读、写数据的讲解。

读、写数据库数据

1. 读取数据库信息

pandas 模块提供了三个函数用于实现数据库信息的读取操作，具体函数如下。

❑ read_sql_query()函数：可以实现对数据库的查询操作，但是不能直接读取数据库中的某个表，需要在 SQL 语句中指定查询命令与数据表的名称。

❑ read_sql_table()函数：只能实现读取数据库中的某一个表内的数据，并且该函数需要在 SQLAlchemy 模块的支持下才可以使用。

❑ read_sql()函数：该函数则是一个比较全能的函数，即可以实现读取数据库中某一个表的数据，也可以实现具体的查询操作。

以上三个数据库读取函数的语法格式如下：

```
read_sql_query(sql, con, index_col=None, coerce_float=True, params=None,
               parse_dates=None, chunksize=None)
read_sql_table(table_name, con, schema=None, index_col=None,
               coerce_float=True, parse_dates=None, columns=None,
               chunksize=None)
read_sql(sql, con, index_col=None, coerce_float=True, params=None,
         parse_dates=None, columns=None, chunksize=None)
```

以上三个函数比较常用的参数及含义如表 3-4 所示。

表 3-4　读取数据库信息的函数常用的参数及含义

参 数 名	参 数 含 义
sql	字符串类型，表示需要执行的 SQL 查询语句或表名
table_name	字符串类型，表示数据库中数据表的名称
con	表示数据库连接
index_col	字符串类型或字符串类型的列表，指定数据列为数据行的索引
coerce_float	布尔类型，表示是否将数据中 decimal 类型的值转换为浮点类型，默认为 True
columns	列表类型，表示需要读取数据的列名

【例 3-10】 通过以上三个函数 read_sql_query()、read_sql_table()和 read_sql()实现数据库信息的读取操作，代码如下：（实例位置：资源包\Code\第 3 章\3-10）

```python
import pandas  # 导入数据统计模块
import pymysql  # 导入操作MySQL的模块
import sqlalchemy  # 导入sqlalchemy数据库操作模块

# 使用pymysql连接数据库
pymysql_db = pymysql.connect(host="localhost", user="root",
                             password="root", db="jd_data", port=3306, charset="utf8")
# SQL查询语句，查询数据表中前5条书名信息
sql = "select book_name from sales_volume_rankings where id<=5"
# 通过read_sql_query()函数读取数据库信息
sql_query_data = pandas.read_sql_query(sql=sql,con=pymysql_db)
print('通过read_sql_query()函数读取数据库信息如下：\n', sql_query_data)

# 使用sqlalchemy连接数据库,依次设置
# （数据库产品名称+数据库操作模块名://数据库用户名:密码@数据库ip地址:数据库端口号/数据库名称）
sqlalchemy_db = sqlalchemy.create_engine\
    ("mysql+pymysql://root:root@localhost:3306/jd_data")
# 通过read_sql_table()函数读取数据库信息
sql_table_data = pandas.read_sql_table\
    (table_name='sales_volume_rankings', con=sqlalchemy_db)
print('\n通过read_sql_table()函数读取数据库信息长度为：', len(sql_table_data))

# 通过read_sql()函数读取数据库信息
read_sql_data = pandas.read_sql(sql=sql,con=sqlalchemy_db)
print('\n通过read_sql()函数读取数据库信息如下：\n', read_sql_data)
```

运行结果如下：

```
通过read_sql_query()函数读取数据库信息如下：
            book_name
0       Python编程 从入门到实践
1          数学之美（第二版）
2    Python从入门到项目实践（全彩版）
3       Excel 高效办公应用与技巧大全
4  机器学习【首届京东文学奖-年度新锐入围作品】

通过read_sql_table()函数读取数据库信息长度为： 100

通过read_sql()函数读取数据库信息如下：
            book_name
0       Python编程 从入门到实践
1          数学之美（第二版）
2    Python从入门到项目实践（全彩版）
3       Excel 高效办公应用与技巧大全
4  机器学习【首届京东文学奖-年度新锐入围作品】
```

 在实现【例 3-10】前需要提前安装 PyMySQL 与 sqlalchemy 数据库操作模块，并且需要保证 MySQL 数据库可以正常使用。

2. 写入数据库信息

pandas 模块只提供了一个 to_sql()方法用于实现数据库数据的写入工作，该方法只需要通过 DataFrame 数据对象直接调用即可，to_sql()方法同样也需要 SQLAlchemy 模块的支持。to_sql()方法的语法格式如下：

```
to_sql(self, name, con, schema=None, if_exists='fail', index=True,
        index_label=None, chunksize=None, dtype=None, method=None)
```

to_sql()方法比较常用的参数及含义如表 3-5 所示。

表3-5　to_sql()方法中常用参数含义

参 数 名	参 数 含 义
name	字符串类型，表示数据表名称
con	表示数据库连接
if_exists	该参数提供了三个属性：fail 表示如果表已经存在就不执行写入；replace 表示如果表已经存在，就将原来的表删除，重新创建后再写入数据；append 表示在原有的数据表中添加数据。默认属性为 fail
index	表示是否将行索引写入数据表中，默认为 True

【例 3-11】　通过 to_sql()方法实现向数据库中写入信息的操作，然后通过 read_sql()方法读取数据表中刚刚写入的信息。代码如下：（实例位置：资源包\Code\第 3 章\3-11）

```python
import pandas  # 导入数据统计模块
import sqlalchemy  # 导入sqlalchemy数据库操作模块


# 使用sqlalchemy连接数据库
sqlalchemy_db = sqlalchemy.create_engine\
    ("mysql+pymysql://root:root@localhost:3306/jd_data")
# SQL查询语句
sql = "select * from to_sql_demo "
# 模拟写入数据库中的数据
data = {'A': [1, 2, 3, 4, 5],
        'B': [6, 7, 8, 9, 10],
        'C':[11,12,13,14,15]}
data_frame = pandas.DataFrame(data)  # 创建DataFrame对象
# 向数据库中写入模拟数据data
data_frame.to_sql('to_sql_demo',sqlalchemy_db,if_exists='append')
# 通过read_sql()函数读取数据库信息
read_sql_data = pandas.read_sql(sql=sql,con=sqlalchemy_db)
print('\n通过read_sql()函数读取数据库信息如下：\n', read_sql_data)
```

运行结果如下：

```
通过read_sql()函数读取数据库信息如下：
   index  A   B   C
0      0  1   6  11
1      1  2   7  12
2      2  3   8  13
3      3  4   9  14
4      4  5  10  15
```

3.4 数据操作

DataFrame 对象是 pandas 模块中最常用的对象，该对象所呈现出的数据与 Excel 表格相似。所以在实现数据的统计与分析前需要了解如何操作 DataFrame 对象中的各种数据，例如，数据的增、删、改、查等。

3.4.1 数据的增、删、改、查

数据的增、删、改、查

1. 增添数据

如果需要为 DataFrame 对象添加一列数据时，可以先创建列名然后为其赋值数据即可。示例代码如下：

```python
import pandas                                    # 导入数据统计模块

data = {'A': [1, 2, 3, 4, 5],
        'B': [6, 7, 8, 9, 10],
        'C': [11,12,13,14,15]}
data_frame = pandas.DataFrame(data)              # 创建DataFrame对象
data_frame['D'] = [10,20,30,40,50]               # 增加D列数据
print(data_frame)                                # 打印DataFrame对象内容
```

运行结果如下：

```
   A  B   C   D
0  1  6   11  10
1  2  7   12  20
2  3  8   13  30
3  4  9   14  40
4  5  10  15  50
```

2. 删除数据

pandas 模块中提供了 drop() 函数，用于删除 DataFrame 对象中的某行或某列数据，该函数提供了多个参数，其中比较常用的参数及含义如表 3-6 所示。

表 3-6　drop() 函数常用参数含义

参 数 名	参 数 含 义
labels	需要删除的行或列的标签，接收字符串或数组
axis	该参数默认为 0，表示删除行，当 axis=1 时，表示删除列
index	指定需要删除的行索引
columns	指定需要删除的列
inplace	设置 False 为不改变原数据，返回一个执行删除后的新 DataFrame 对象。设置为 True 将对原数据进行删除操作

【例 3-12】 实现删除 DataFrame 对象原数据中指定列与指定索引的行数据。代码如下：（实例位置：资源包\Code\第 3 章\3-12）

```python
data_frame.drop([0],inplace=True)                    # 删除原数据中索引为0的那行数据
data_frame.drop(labels='A',axis=1,inplace=True)      # 删除原数据中列名为A的那列数据
print(data_frame)                                    # 打印DataFrame对象内容
```

运行结果如下：

```
      B    C
1   7   12
2   8   13
3   9   14
4  10   15
```

说明

在实现删除 DataFrame 对象中指定列名的数据时，也可以通过 del 关键字来实现，例如删除原数据中列名为 A 的数据，即可使用代码 del data＿frame['A']实现。

drop()函数除了可以删除指定的列或行数据以外，还可以指定行索引的范围实现删除多行数据。

【例 3-13】 通过指定行索引的范围实现删除多行数据。代码如下：（实例位置：资源包\Code\第 3 章\3-13）

```
# 删除原数据中行索引从0～2的前三行数据
data＿frame.drop(labels=range(0,3),axis=0,inplace=True)
print(data＿frame)                    # 打印DataFrame对象内容
```

运行结果如下：

```
   A   B    C
3  4   9   14
4  5  10   15
```

3. 修改数据

如果需要修改 DataFrame 对象中某一列中的某个元素时，需要通过赋值的方式来进行元素的修改。

【例 3-14】 通过赋值的方式修改元素。代码如下：（实例位置：资源包\Code\第 3 章\3-14）

```
data＿frame['A'][2] = 10              # 将A列中第三行数据修改为10
print(data＿frame)                    # 打印DataFrame对象内容
```

运行结果如下：

```
    A   B    C
0   1   6   11
1   2   7   12
2  10   8   13
3   4   9   14
4   5  10   15
```

在修改 DataFrame 对象中某一列的所有数据时，需要了解当前修改列所对应的元素数组中包含多少个元素，然后根据原有元素的个数进行对应元素的修改。

【例 3-15】 实现修改某列所有元素。代码如下：（实例位置：资源包\Code\第 3 章\3-15）

```
data＿frame['B'] = [5,4,3,2,1]        #  将B列中所有数据修改
print(data＿frame)                    #  打印DataFrame对象内容
```

运行结果如下：

```
   A  B    C
0  1  5   11
1  2  4   12
2  3  3   13
3  4  2   14
4  5  1   15
```

如果在修改 B 列中所有数据时，修改的元素数量与原有的元素数量不匹配时，将出现图 3-6 所示的错误信息。

```
Traceback (most recent call last):
  File "C:/demo/demo.py", line 12, in <module>
    data_frame['B'] = [5, 4, 3]           # 将B列中所有数据修改
  File "G:\Python\Python37\lib\site-packages\pandas\core\frame.py", line 3370, in __setitem__
    self._set_item(key, value)
  File "G:\Python\Python37\lib\site-packages\pandas\core\frame.py", line 3445, in _set_item
    value = self._sanitize_column(key, value)
  File "G:\Python\Python37\lib\site-packages\pandas\core\frame.py", line 3630, in _sanitize_column
    value = sanitize_index(value, self.index, copy=False)
  File "G:\Python\Python37\lib\site-packages\pandas\core\internals\construction.py", line 519, in sanitize_index
    raise ValueError('Length of values does not match length of index')
ValueError: Length of values does not match length of index
```

图 3-6 修改元素数量不匹配

如果为某一列赋值为单个元素时，例如，data_frame['B'] = 1 此时 B 列所对应的数据将都被修改为 1。

4. 查询数据

在获取 DataFrame 对象中某一列的数据时可以通过直接指定列名或者是直接调用列名的属性来获取指定列的数据。示例代码如下：

```python
import pandas  # 导入数据统计模块

data = {'A': [1, 2, 3, 4, 5],
        'B': [6, 7, 8, 9, 10],
        'C': [11,12,13,14,15]}
data_frame = pandas.DataFrame(data)  # 创建DataFrame对象
print('指定列名的数据为：\n',data_frame['A'])
print('指定列名属性的数据为：\n',data_frame.B)
```

运行结果如下：

```
指定列名的数据为：
0    1
1    2
2    3
3    4
4    5
Name: A, dtype: int64
指定列名属性的数据为：
0    6
1    7
2    8
3    9
4    10
Name: B, dtype: int64
```

在获取 DataFrame 对象从第 1 行至第 3 行范围内的数据时可以通过指定行索引范围的方式来获取数据。行索引从 0 开始，行索引 0 对应的是 DataFrame 对象中的第 1 行数据。

【例 3-16】 实现查询指定行索引范围的数据。代码如下：（实例位置：资源包\Code\第 3 章\3-16）

```
print('获取指定行索引范围的数据: ',data__frame[0:3])
```
运行结果如下：
```
   A  B   C
0  1  6  11
1  2  7  12
2  3  8  13
```

 在获取指定行索引范围的示例代码中，0 为起始行索引，3 为结束行索引的位置，所以此次获取内容并不包含行索引为 3 的数据。

在获取 DataFrame 对象中某一列中的某个元素时，可以通过依次指定列名称、行索引来进行数据的获取。

【例 3-17】通过指定列名与行索引的方式获取数据。代码如下:（实例位置:资源包\Code\第 3 章\3-17）

```
print('获取指定列中的某个数据: ',data__frame['B'][2])
```
运行结果如下：
```
获取指定列中的某个数据：8
```

3.4.2 NaN 数据处理

1. 修改元素为 NaN

NaN 数据在 numpy 模块中用于表示空缺数据，所以在数据分析中偶尔会需要将数据结构中的某个元素修改为 NaN 值，这时只需要调用 numpy.NaN 为需要修改的元素赋值即可实现修改元素的目的。

NaN 数据处理

【例 3-18】 实现将元素值修改为空缺数据 NaN。代码如下：（实例位置：资源包\Code\第 3 章\3-18）

```
data__frame['A'][0] = numpy.nan        # 将数据中列名为A行索引为0的元素修改为NaN
print(data__frame)                     # 打印DataFrame对象内容
```
运行结果如下：
```
     A   B   C
0  NaN   6  11
1  2.0   7  12
2  3.0   8  13
3  4.0   9  14
4  5.0  10  15
```

2. 统计 NaN 数据

pandas 模块提供了两个可以快速识别空缺值的方法，isnull() 方法用于判断是否为空缺值，如果是空缺值将返回 True。notnull() 方法用于识别非空缺值，该方法在检测出不是空缺值的数据时将返回 True。通过这两个方法与统计函数的方法即可获取数据中空缺值与非空缺值的具体数量。

【例 3-19】 统计数据中空缺值与非空缺值的数量。代码如下：（实例位置：资源包\Code\第 3 章\3-19）

```
print('每列空缺值数量为：\n',data__frame.isnull().sum())      # 打印数据中空缺值数量
print('每列非空缺值数量为：\n',data__frame.notnull().sum())    # 打印数据中非空缺值数量
```
运行结果如下：
```
每列空缺值数量为：
```

```
A    1
B    0
C    0
dtype: int64
每列非空缺值数量为:
A    4
B    5
C    5
dtype: int64
```

3. 筛选 NaN 元素

在实现数据中 NaN 元素的筛选时，可以使用 dropna() 函数来实现，例如，将包含 NaN 元素所在的整行数据删除。

> **【例 3-20】** 实现将包含 NaN 元素所在的整行数据删除。代码如下：（实例位置：资源包\Code\第 3 章\3-20）

```
data__frame.dropna(axis=0,inplace=True)    # 将包含NaN元素所在的整行数据删除
print(data__frame)                         # 打印DataFrame对象内容
```

运行结果如下：

```
     A    B   C
1  2.0    7  12
2  3.0    8  13
3  4.0    9  14
4  5.0   10  15
```

如果需要将数据中包含 NaN 元素所在的整列数据删除时，将 axis 参数设置为 1 即可。

dropna() 函数提供了一个 how 参数，如果将该参数设置为 all 时，dropna() 函数将会删除某行或者是某列所有元素全部为 NaN 的值。代码如下：

```
import pandas    # 导入数据统计模块
import numpy

data = {'A': [1, 2, 3, 4, 5],
        'B': [6, 7, 8, 9, 10],
        'C':[11,12,13,14,15]}
data__frame = pandas.DataFrame(data)       # 创建DataFrame对象
data__frame['A'][0] = numpy.nan            # 将数据中列名为A行索引为0的元素修改为NaN
data__frame['A'][1] = numpy.nan            # 将数据中列名为A行索引为1的元素修改为NaN
data__frame['A'][2] = numpy.nan            # 将数据中列名为A行索引为2的元素修改为NaN
data__frame['A'][3] = numpy.nan            # 将数据中列名为A行索引为3的元素修改为NaN
data__frame['A'][4] = numpy.nan            # 将数据中列名为A行索引为4的元素修改为NaN
data__frame.dropna(how='all',axis=1,inplace=True)    # 删除包含NaN元素对应的整行数据
print(data__frame)                         # 打印DataFrame对象内容
```

运行结果如下：

```
   B   C
0  6  11
1  7  12
2  8  13
```

```
3   9   14
4   10  15
```

 说明 由于 axis 的默认值为 0，也就是说只对行数据进行删除，而所有元素都为 NaN 的是列，所以在指定 how 参数时还需要指定删除目标为列，即设置 axis=1。

4. NaN 元素的替换

当处理数据中的 NaN 元素时，为了避免删除数据中比较重要的参考数据，可以使用 fillna() 函数将数据中 NaN 元素替换为同一个元素，这样在实现数据分析时可以很清楚的知道哪些元素无用即为 NaN 元素。示例代码如下：

```python
import pandas                                    # 导入数据统计模块

data = {'A': [1, None, 3, 4, 5],
        'B': [6, 7, 8, None, 10],
        'C': [11, 12, None, 14, None]}
data__frame = pandas.DataFrame(data)             # 创建DataFrame对象
data__frame.fillna(0, inplace=True)              # 将数据中所有NaN元素修改为0
print(data__frame)                               # 打印DataFrame对象内容
```

运行结果如下：

```
     A     B     C
0   1.0   6.0   11.0
1   0.0   7.0   12.0
2   3.0   8.0   0.0
3   4.0   0.0   14.0
4   5.0   10.0  0.0
```

如果需要将不同列中的 NaN 元素，修改为不同的元素值时，可以通过字典的方式对每列依次修改。示例代码如下：

```python
import pandas                                    # 导入数据统计模块

data = {'A': [1, None, 3, 4, 5],
        'B': [6, 7, 8, None, 10],
        'C': [11, 12, None, 14, None]}
data__frame = pandas.DataFrame(data)             # 创建DataFrame对象
print(data__frame)                               # 打印修改前DataFrame对象内容
# 将数据中A列中NaN元素修改为0，B列中NaN元素修改为1，C列中NaN元素修改为2
data__frame.fillna({'A':0,'B':1,'C':2}, inplace=True)
print(data__frame)                               # 打印修改后DataFrame对象内容
```

修改前运行结果如图 3-7 所示，修改后运行结果如图 3-8 所示。

```
     A     B     C
0   1.0   6.0   11.0
1   NaN   7.0   12.0
2   3.0   8.0   NaN
3   4.0   NaN   14.0
4   5.0   10.0  NaN
```

图 3-7   修改前结果

```
     A     B     C
0   1.0   6.0   11.0
1   0.0   7.0   12.0
2   3.0   8.0   2.0
3   4.0   1.0   14.0
4   5.0   10.0  2.0
```

图 3-8   修改后结果

3.4.3 时间数据的处理

时间数据的处理

1. 创建时间数据

pandas 模块提供了许多用于处理时间数据的函数，例如通过 date_range() 函数即可创建一个指定时间间隔的数据。示例代码如下：

```python
import pandas as pd                          # 导入pandas模块

# 设置起始时间为'1/1/2019', periods指定的时间范围为24小时, freq设置为以小时为间隔, 即设为'H'
rng = pd.date_range('1/1/2019', periods=24, freq='H')
data = {'time':rng}                          # 创建时间数据
data_frame = pd.DataFrame(data)              # 生成时间数据的DataFrame对象
print(data_frame)                            # 打印DataFrame对象内容
```

运行结果如下：

```
                   time
0  2019-01-01 00:00:00
1  2019-01-01 01:00:00
2  2019-01-01 02:00:00
3  2019-01-01 03:00:00
4  2019-01-01 04:00:00
5  2019-01-01 05:00:00
6  2019-01-01 06:00:00
........此处省略........
21 2019-01-01 21:00:00
22 2019-01-01 22:00:00
23 2019-01-01 23:00:00
```

说明

pandas 模块中的 date_range() 函数，主要是用于生成一个固定频率的时间索引。其数据类型为 <class 'pandas.core.indexes.datetimes.DatetimeIndex'>

2. 获取时间数据信息

保存在 DataFrame 对象中的每一个时间数据，都会被转换为 Timestamp 类型的数据。如果在数据分析的过程中需要直接获取时间数据的相关信息时，如年、月、日等详细信息，可以指定调用对应的属性。

【例 3-21】 实现获取时间数据中所有年份。代码如下：（实例位置：资源包\Code\第 3 章\3-21）

```python
print('时间数据的类型为：',type(data_frame['time'][0]))
y = [i.year for i in data_frame['time']]    # 获取时间数据中所有年份
print('获取时间数据中的所有年份：',y)        # 打印获取时间数据中所有年份
```

运行结果如下：

```
时间数据的类型为： <class 'pandas._libs.tslibs.timestamps.Timestamp'>
获取时间数据中的所有年份： [2019, 2019, 2019, 2019, 2019, 2019, 2019, 2019, 2019, 2019, 2019,
2019, 2019, 2019, 2019, 2019, 2019, 2019, 2019, 2019, 2019, 2019, 2019, 2019]
```

Timestamp 类中常用的属性及含义如表 3-7 所示。

3. 获取时间信息中的最大值与最小值

在 DataFrame 对象中，如果需要获取时间信息中的最大值与最小值时，即可使用如下代码进行获取。

【例 3-22】 实现获取时间数据中最大值与最小值。代码如下：（实例位置：资源包\Code\第 3 章\3-22）

表 3-7　Timestamp 类中常用的属性及含义

属 性 名	属 性 含 义
year	获取时间数据中的年
month	获取时间数据中的月
day	获取时间数据中的日
hour	获取时间数据中的小时
minute	获取时间数据中的分钟
weekofyear	获取时间数据是一年中的第几周
dayofyear	获取时间数据是一年中的第几天
dayofweek	获取时间数据是一周中的第几天，从 0 开始
weekday_name	获取时间数据中的星期名称
is_year_start	获取时间数据是否为一年的开始，新年的第一天
is_year_end	获取时间数据是否为一年的最后一天
is_leap_year	获取时间数据中的当前年份是否为闰年

```
print('获取时间数据中最大值: ',data_frame['time'].max())
print('获取时间数据中最小值: ',data_frame['time'].min())
```

运行结果如下：

```
获取时间数据中最大值: 2019-01-01 23:00:00
获取时间数据中最小值: 2019-01-01 00:00:00
```

4. 格式化时间数据

pandas 模块提供了一个 to_datetime() 函数，用于实现将不规范的时间数据转换为标准的 datetime 类型数据。示例代码如下：

```
format = pd.to_datetime('2019 8 31 21:23:48')     # 标准化不规范时间数据
print('标准化后的时间数据: ',format)
```

运行结果如下：

```
标准化后的时间数据: 2019-08-31 21:23:48
```

5. 时间运算

在 DataFrame 对象中，如果需要计算两组时间数据的时间差时，直接让两组时间数据进行减法运算即可。

【例 3-23】　计算两组时间数据的时间差。代码如下：（实例位置：资源包\Code\第 3 章\3-23）

```
result1 = data_frame['time']-data_frame['time']  # 计算两组时间数据的时间差
print('计算两组时间数据的时间差: \n',result1[:3])       # 打印计算结果的前三位数据
# 固定时间的减法运算
result2 = pd.to_datetime('2020 01 01 00:00:00')-data_frame['time']
print('计算结果为: \n',result2[:3])                    # 打印计算结果的前三位数据
```

运行结果如下：

```
计算两组时间数据的时间差:
0    0 days
1    0 days
2    0 days
Name: time, dtype: timedelta64[ns]
计算结果为:
0    365 days 00:00:00
```

```
1     364 days 23:00:00
2     364 days 22:00:00
Name: time, dtype: timedelta64[ns]
```

如果需要根据一个指定时间计算未知的时间时，可以使用 pandas 中的 Timedelta 类，在创建该类的实例时可以填写多个参数，例如周、天、小时等。Timedelta 类中常用的参数及含义如表 3-8 所示。

表 3-8　Timedelta 类中常用的参数及含义

参 数 名	参 数 含 义
weeks	该参数表示指定的星期，如 weeks=2 为 2 个星期
days	该参数表示指定的天
hours	该参数表示指定的小时
minutes	该参数表示指定的分钟
seconds	该参数表示指定的秒数

【例 3-24】 计算两周零两天前的所有时间。代码如下：（实例位置：资源包\Code\第 3 章\3-24）

```
# 计算两周零两天前的所有时间
future_time = data_frame['time']-pd.Timedelta(weeks=2,days=2)
print(future_time[:3])                # 打印计算结果的前三位数据
```

运行结果如下：

```
0     2018-12-16 00:00:00
1     2018-12-16 01:00:00
2     2018-12-16 02:00:00
Name: time, dtype: datetime64[ns]
```

3.5　数据的分组与聚合

3.5.1　分组数据

分组数据

pandas 模块提供了一个 groupby()方法，通过该方法对数据集分组后将返回一个 SeriesGroupBy 对象（数据集为 Series 对象时）或 DataFrameGroupBy 对象（数据集为 DataFrame 对象时），然后通过该对象根据需求调用不同的计算函数来实现整组数据的计算功能，例如获取整组数据的总和、平均值等。groupby()方法实现分组的操作过程分为以下三个阶段。

- ❏　将数据分成多个组。
- ❏　使用一个计算函数处理每一组数据。
- ❏　将处理后的数据合并成一个新的对象。

数据分组操作过程如图 3-9 所示。

key	data
a	1
a	2
b	3
c	4
a	5

分组 →

a	1
a	2
a	5

| b | 3 |
| c | 4 |

求和 →

key	和
a	8
b	3
c	4

图 3-9　数据分组的操作过程

1. 数据分组

通过 groupby()方法可以实现两种分组方式，返回的对象结果也是不同的。如果仅对 DataFrame 对象中的数据进行分组时将返回一个 DataFrameGroupBy 对象，如果是对 DataFrame 对象中某一列的数据进行分组时将返回一个 SeriesGroupBy 对象。示例代码如下：

```python
import pandas  # 导入数据统计模块

# 创建数据
data = {'key': ['a','a','b','c','a'],
        'data': [1,2,3,4,5],
        'data1':[2,4,6,8,10]}
data__frame = pandas.DataFrame(data)  # 创建DataFrame对象
# 仅根据key进行分组
group = data__frame.groupby(data__frame['key'])
# 指定列名并根据key进行分组
group1=data__frame['data'].groupby(data__frame['key'])
print('仅根据key进行分组所返回的对象：\n',type(group))
print('data列中数据根据key进行分组所返回的对象：\n',type(group1))
```

运行结果如下：

仅根据key进行分组所返回的对象：
 `<class 'pandas.core.groupby.generic.DataFrameGroupBy'>`
data列中数据根据key进行分组所返回的对象：
 `<class 'pandas.core.groupby.generic.SeriesGroupBy'>`

> 无论是 DataFrameGroupBy 对象还是 SeriesGroupBy 对象都可以使用 groups 属性来查看数据分组后的数据信息，该信息将以 dict（字典）类型返回。

2. 分组统计

将数据分组后，便可以根据数据不同的需求，调用不同的计算函数来实现分组数据的计算功能。例如统计每个分组的平均值以及当前分组的最大值与最小值等。GroupBy 常用的统计方法及说明如表 3-9 所示。

表 3-9　GroupBy 对象中常用的方法及说明

方 法 名	方 法 说 明
size()	返回每组的大小，其中包含 NaN 值
count()	统计分组的数量，其中不包含 NaN 值
max()	返回每组中最大的值
min()	返回每组中最小的值
median()	返回每组中的中位数
mean()	返回每组的平均值
sum()	返回每组的和
std()	返回每组的标准差

【例 3-25】　实现统计每组数据的平均值。代码如下：（实例位置：资源包\Code\第 3 章\3-25）

```python
print('获取每组数据的平均值为：\n',group.mean())
```

运行结果如下：

获取每组数据的平均值为：

```
        data      data1
key
a     2.666667  5.333333
b     3.000000  6.000000
c     4.000000  8.000000
```

3. 分组迭代

分组后的数据不仅可以进行计算或统计，还可以通过 for 循环的方式进行分组数据的迭代，每次迭代将返回一个元组（group_name, group_data）。

【例 3-26】 实现循环迭代分组数据。代码如下：（实例位置：资源包\Code\第 3 章\3-26）

```
# 循环迭代分组数据
for a in group:
        print('分组数据迭代后为： \n',a)
```

运行结果如下：

```
分组数据迭代后为：
 ('a',   key data data1
0  a    1     2
1  a    2     4
4  a    5    10)
分组数据迭代后为：
 ('b',   key data data1
2  b    3     6)
分组数据迭代后为：
 ('c',   key data data1
3  c    4     8)
```

 说明 如果觉得迭代出来的元组数据看起来比较麻烦，也可以在迭代时将分组名称与分组数据分离进行迭代（for group_name, group_data in group:）。

3.5.2 聚合数据

聚合数据

pandas 模块不仅提供了一个可以实现对数据进行分组的 groupby()方法，还提供了 agg()方法，该方法可以实现对分组后数据的聚合功能。从实现上来看，agg()方法类似于对 DataFrame 对象中列的数据进行分组，然后再调用 sum()或者是 mean()来实现数据的计算或统计。不过 agg()方法更加方便简洁，可以将计算或者是统计函数以字符串的形式传入，也可以使用自定义函数。agg()方法的语法格式如下：

```
DataFrame.agg(func, axis=0, *args, **kwargs)
```

❑ func 参数可以接收字符串、列表、字典类型，表示每行每列的函数。
❑ axis 参数表示操作数据的轴向，0 为数据的索引，1 为数据的列，默认为 0。
例如，实现对分组后的数据进行聚合操作时，可以参考以下代码：

```
import pandas  # 导入数据统计模块

# 创建数据
data = {'key': ['a','a','b','c','a'],
        'data': [1,2,3,4,5],
```

```
                    'data1':[2,4,6,8,10]}
data__frame = pandas.DataFrame(data)   # 创建DataFrame对象
# 以DataFrame对象中key进行分组并聚合
df = data__frame.groupby('key').agg(['max','median','min'])
print('分组后并聚合的数据为: \n',df)
```

运行结果如下:

```
分组后并聚合的数据为:
      data                 data1
      max  median  min   max  median  min
key
a      5      2      1    10     4      2
b      3      3      3     6     6      6
c      4      4      4     8     8      8
```

【例 3-27】 实现获取每组 data 列中最小的值。代码如下:(实例位置:资源包\Code\第 3 章\3-27)

```
# 以DataFrame对象中key进行分组,然后获取每组data列中最小的值
df = data__frame.groupby('key').agg({'data':'min'})
print('获取每组data列中最小的值为: \n',df)
```

运行结果如下:

```
获取每组data列中最小的值为:
      data
key
a      1
b      3
c      4
```

在统计数据时,可能会遇到对一列数据求和而另一列数据不仅需要求和还需要获取其中的最大数据。此时可以将 agg() 方法中参数字典 key 对应的值以列表的形式添加多种统计需求。

【例 3-28】 获取对 data 列数据求和,data1 列数据求和与列中数据最大值。代码如下:(实例位置:资源包\Code\第 3 章\3-28)

```
# 获取对data列数据求和,data1列数据求和与列中数据最大值
df = data__frame.agg({'data':'sum','data1':['sum','max']})
print('获取结果为: \n',df)     # 打印获取结果
```

运行结果如下:

```
获取结果为:
      data   data1
max   NaN     10
sum   15.0    30
```

agg() 方法不仅提供以上几种比较常见的统计方式,还可以通过指定自定义函数名称的方式实现数据的统计与计算。

【例 3-29】 通过指定自定义函数名称的方式实现数据的统计与计算。代码如下:(实例位置:资源包\Code\第 3 章\3-29)

```
# 创建测试函数
def test_function(data):
    return data.sum()   # 返回求和结果
# 指定函数名称
```

```
df = data__frame.agg({'data':test_function})
print(df)        # 打印指定函数名称后的计算结果
```

运行结果如下：

```
data    15
dtype: int64
```

 在自定义函数中使用 NumPy 模块中的统计函数时，如果计算的是单列数据，则无法返回想要的结果，如果计算的是多列数据，将会正常返回需要的结果。

3.6 数据的预处理

3.6.1 合并数据

合并数据

在数据分析的实际开发中，数据种类比较繁多，经常会出现一类数据一张表的现象。如果数据量很大时表的数量也会相对增加，此时如果将一些有关联的数据整合在一张表中，以后再对这张表进行数据的分析工作时将会大大地提高工作效率。

1. concat()函数

pandas 模块提供了一个 concat() 函数用于实现数据的合并工作，语法格式如下：

```
pandas.concat(objs, axis=0, join='outer', join_axes=None, ignore_index=False, keys=None,
levels=None, names=None, verify_integrity=False, sort=None, copy=True)
```

concat() 函数中常用的参数及含义如表 3-10 所示。

表 3-10 concat() 函数中常用的参数及含义

参 数 名	参 数 含 义
objs	需要合并的数据，如 Series、DataFrame 等数据
axis	合并数据的轴向，0 表示纵向合并，1 表示横向合并，默认为 0
ignore_index	是否保留原有的合并索引，默认为 False（保留），设置为 True 将产生一组新的索引
keys	通过设置 key 区分合并后的数据来源
sort	在连接轴未对齐时，选择是否排序，true 为排序，false 为不排序
copy	是否复制数据，默认为 true（复制），设置为 false 为不复制

在实现数据的纵向合并时，如果没有特殊要求的情况下是不需要设置其他参数的，因为axis在默认的情况下就是实现数据的纵向合并，不过由于版本原因为了避免在连接轴未对齐时所给出的警告提示，需要设置是否排序的属性。数据纵向合并的示例代码如下：

```
import pandas  # 导入数据统计模块

# 创建数据
data = {'A': ['A1','A2','A3'],
        'B': ['B1','B2','B3'],
        'C': ['C1','C2','C3']}
data1 = {'C': ['C1','C2','C3'],
         'D': ['D1','D2','D3'],
         'E': ['E1','E2','E3']}
data__frame = pandas.DataFrame(data)  # 创建DataFrame对象
```

```
data__frame1 = pandas.DataFrame(data1)   # 创建DataFrame1对象
# 打印合并后的数据
print(pandas.concat([data__frame,data__frame1],sort=True))
```
运行结果如下：
```
      A    B    C    D    E
0   A1   B1   C1  NaN  NaN
1   A2   B2   C2  NaN  NaN
2   A3   B3   C3  NaN  NaN
0  NaN  NaN   C1   D1   E1
1  NaN  NaN   C2   D2   E2
2  NaN  NaN   C3   D3   E3
```

除了 concat() 函数以外，pandas 还提供了一个 append() 方法也可以实现数据的纵向合并。例如，
print(data__frame.append(data__frame1,sort=True))。

concat() 函数还可以将数据进行横向的合并，只要将 axis 参数设置为 1 即可。

【例 3-30】通过 concat() 函数实现数据的横向合并。代码如下：(实例位置：资源包\Code\第 3 章\3-30)

```
# 打印合并后的数据
print(pandas.concat([data__frame,data__frame1],sort=True,axis=1))
```
运行结果如下：
```
     A    B    C    C    D    E
0   A1   B1   C1   C1   D1   E1
1   A2   B2   C2   C2   D2   E2
2   A3   B3   C3   C3   D3   E3
```

2. merge() 函数

pandas 模块还提供了一个与数据库中的 join 类似的 merge() 函数，该函数用于实现将两张数据表通过相同键（列名）进行数据的合并。语法格式如下：

```
pandas.merge(left, right, how='inner', on=None, left_on=None, right_on=None,
left_index=False, right_index=False, sort=False, suffixes=('_x', '_y'), copy=True, indicator=
False, validate=None)
```

在使用 merge() 函数实现数据合并时，和数据库中的 join 一样也有左连接、右连接、外连接与内连接。merge() 函数的常用参数及含义如表 3-11 所示。

表 3-11　merge() 函数中常用的参数及含义

参 数 名	参 数 含 义
left	需要合并的左侧数据，DataFrame 或 Series
right	需要合并的右侧数据，DataFrame 或 Series
how	数据的连接方式，left 表示使用左侧数据中的键（列名）进行连接，类似于数据库中的左连接。其他三个属性分别为 right（右连接）、outer（外连接）以及 inner（内连接），默认为 inner
on	表示两个数据合并的键（列名）必须一致，默认为 None
left_on	表示左侧数据进行连接的键（列名），默认为 None
right_on	表示右侧数据进行连接的键（列名），默认为 None

参 数 名	参 数 含 义
left_index	布尔类型，默认为 False。表示是否将左侧数据中的索引作为连接主键
right_index	布尔类型，默认为 False。表示是否将右侧数据中的索引作为连接主键
sort	布尔类型，默认为 False。表示是否对合并后的数据进行排序
suffixes	tuple 类型，默认为（'_x'，'_y'）。表示左、右列名称的后缀
validate	字符类型，默认为 None，可以设置为如下几个属性。 "one_to_one" 检查合并键（列名）是否在左右数据集中都是唯一的。 "one_to_many" 检查合并键（列名）在左侧数据集中是否唯一。 "many_to_one" 检查合并键（列名）在右侧数据集中是否唯一。 "many_to_many" 允许，但不会导致检查

在默认的情况下，将以 inner（内连接）的连接方式进行数据的合并。

【例 3-31】 通过以上示例中的数据 data 与 data1 中相同的连接键（列名）C 进行合并。代码如下：（实例位置：资源包\Code\第 3 章\3-31）

```
# 打印合并后数据
print(pandas.merge(data__frame,data__frame1,on='C'))
```

运行结果如下：

```
   A   B   C   D   E
0  A1  B1  C1  D1  E1
1  A2  B2  C2  D2  E2
2  A3  B3  C3  D3  E3
```

如果 C 列对应的数据中有不同的数据时，例如，data1 数据中 C 列对应的数据为['C4','C2','C3']，此时合并后的数据结果将只显示相同部分。

【例 3-32】 通过 outer（外连接）的连接方式进行数据的合并。代码如下：（实例位置：资源包\Code\第 3 章\3-32）

```
# 打印合并后数据
print(pandas.merge(data__frame,data__frame1,how='outer',on='C'))
     A    B   C   D    E
0    A1   B1  C1  NaN  NaN
1    A2   B2  C2  D2   E2
2    A3   B3  C3  D3   E3
3    NaN  NaN C4  D1   E1
```

3. join()方法

除了 merge()函数以外，还可以使用 join()方法来实现数据的合并，该方法即可以将两个没有关联的数据进行合并也可以合并相同键（列名）的数据。语法格式如下：

```
pandas.DataFrame.join(other, on=None, how='left', lsuffix='', rsuffix='', sort=False)
```

join()方法的常用参数及含义如表 3-12 所示。

当合并两个没有关联的数据时直接调用 join()方法即可实现数据的合并。示例代码如下：

```
import pandas  # 导入数据统计模块
```

```
# 创建数据
data = {'A': ['A1','A2','A3'],
        'B': ['B1','B2','B3'],
        'C':['C1','C2','C3']}
data1 = {'D': ['D1','D2','D3'],
         'E': ['E1','E2','E3'],
         'F': ['F1','F2','F3']}
data__frame = pandas.DataFrame(data)  # 创建DataFrame对象
data__frame1 = pandas.DataFrame(data1)  # 创建DataFrame1对象
# 打印合并后数据
print(data__frame.join(data__frame1))
```

表 3-12　join()方法中常用的参数及含义

参 数 名	参 数 含 义
other	表示需要连接的 DataFrame、Series 或者是包含多个 DataFrame 的列表
on	表示指定连接数据的列名，可以是列名或者是包含列名的列表或元组
how	指定连接方式，left（左连接）、right（右连接）、outer（外连接）以及 inner（内连接），默认为 inner
lsuffix	指定左侧重叠列名的后缀
rsuffix	指定右侧重叠列名的后缀
sort	布尔类型，是否对合并后的数据进行排序

运行结果如下：

```
   A   B   C   D   E   F
0  A1  B1  C1  D1  E1  F1
1  A2  B2  C2  D2  E2  F2
2  A3  B3  C3  D3  E3  F3
```

如果是合并两个相同列名的数据时，可以先为列名添加后缀名，然后再进行数据的合并，例如两组数据中都包含列名为 C 的数据时。代码如下：

```
import pandas  # 导入数据统计模块

# 创建数据
data = {'A': ['A1','A2','A3'],
        'B': ['B1','B2','B3'],
        'C': ['C1','C2','C3']}
data1 = {'C': ['D1','D2','D3'],
         'E': ['E1','E2','E3'],
         'F': ['F1','F2','F3']}
data__frame = pandas.DataFrame(data)  # 创建DataFrame对象
data__frame1 = pandas.DataFrame(data1)  # 创建DataFrame1对象
# 打印合并后数据
print(data__frame.join(data__frame1,lsuffix='_l', rsuffix='_r'))
```
运行结果如下：
```
   A   B   C_l C_r E   F
0  A1  B1  C1  D1  E1  F1
```

```
1   A2   B2   C2   D2   E2   F2
2   A3   B3   C3   D3   E3   F3
```

说明

从以上的运行结果中可以看出，两组数据中都包含列名 C，此时通过 lsuffix 与 rsuffix 参数指定左右
数据列名后缀，即可实现重复列名的数据合并。

4. combine_first()方法

combine_first()方法既不是通过行来合并数据，也不是通过列来合并数据，它的实际功能就是通过一组数据填补调用者数据中的缺失值，也可以理解为帮助调用者打补丁。示例代码如下：

```python
import pandas  # 导入数据统计模块
import numpy as np  # 导入numpy模块



# 创建数据
data = {'A': ['A1',None,'A3'],
        'B': [np.nan,'B2','B3'],
        'C': ['C1',np.nan,'C3']}
data1 = {'A': ['A5','A2','D3'],
         'B': ['B1',None,'B4'],
         'C': ['C5','C2','C7']}
data__frame = pandas.DataFrame(data)  # 创建DataFrame对象
data__frame1 = pandas.DataFrame(data1)  # 创建DataFrame1对象
print('data__frame数据为：\n',data__frame)
print('data__frame1数据为：\n',data__frame1)
# 打印合并后数据
print('合并后数据为：\n',data__frame.combine_first(data__frame1))
```

运行结果如下：

```
data__frame数据为：
      A     B     C
0   A1   NaN   C1
1   None   B2   NaN
2   A3   B3    C3
data__frame1数据为：
      A     B    C
0   A5   B1    C5
1   A2   None   C2
2   D3   B4    C7
合并后数据为：
      A    B    C
0   A1   B1   C1
1   A2   B2   C2
2   A3   B3   C3
```

3.6.2　去除重复数据

pandas 模块提供了一个 drop_duplicates()方法，用于去除指定列中的重复数据。语法格式如下：

```
pandas.dataFrame.drop_duplicates(subset=None, keep='first',
inplace=False)
```

去除重复数据

drop_duplicates()方法的常用参数及含义如表 3-13 所示。

表 3-13 drop_duplicates()方法中常用的参数及含义

参 数 名	参 数 含 义
subset	表示指定需要去重的列名，也可以是多个列名组成的列表。默认为 None，表示全部列
keep	表示保存重复数据的哪一条数据，first 表示保留第一条，last 表示保留最后一条，False 表示重复项数据都不保留。默认为 first
inplace	表示是否在原数据中进行操作，默认为 False

在指定去除某一列中重复数据时，需要在 subset 参数位置指定列名。示例代码如下：

```python
import pandas                                    # 导入数据统计模块


# 创建数据
data = {'A': ['A1','A1','A3'],
        'B': ['B1','B2','B1']}
data__frame = pandas.DataFrame(data)             # 创建DataFrame对象
data__frame.drop_duplicates('A',inplace=True)    # 指定列名为A
print(data__frame)                               # 打印移除后的数据
```

运行结果如下：

```
   A   B
0  A1  B1
2  A3  B1
```

在去除 DataFrame 对象中的重复数据时，将会删除指定列中重复数据所对应的整行数据。

drop_duplicates()方法除了删除 DataFrame 对象中的数据行以外还可以对 DataFrame 对象中的某一列数据进行重复数据的删除，例如，删除 DataFrame 对象中 A 列内重复数据即可使用此段代码：new_data=data__frame['A'].drop_duplicates()。

drop_duplicates()方法不仅可以实现 DataFrame 对象中单列的去重操作，还可以指定多列的去重操作。示例代码如下：

```python
import pandas  # 导入数据统计模块


# 创建数据
data = {'A': ['A1','A1','A1','A2','A2'],
        'B': ['B1','B1','B3','B4','B5'],
        'C': ['C1', 'C2', 'C3','C4','C5']}
data__frame = pandas.DataFrame(data)  # 创建DataFrame对象
data__frame.drop_duplicates(subset=['A','B'],inplace=True)  # 进行多列去重操作
print(data__frame)                               # 打印移除后的数据
```

运行结果如下：

```
   A   B   C
```

```
0   A1   B1   C1
2   A1   B3   C3
3   A2   B4   C4
4   A2   B5   C5
```

小 结

　　本章主要介绍了 Pandas 模块常用的处理数据功能，首先介绍了数据的读、写操作，然后介绍了数据的增、删、改、查，以及数据的聚合、分组操作，最后还介绍了数据的预处理工作。由于本章是针对数据的处理操作进行讲解，希望读者能够掌握每个知识的使用技巧，多进行数据操作的实战练习。

习 题

　　3-1　简述 pandas 的数据结构。

　　3-2　简述 pandas 提供了哪几个读取数据库信息的函数并介绍每个函数的特点。

　　3-3　简述 NaN 数据是什么。

　　3-4　简述什么是分组数据。

　　3-5　简述什么是聚合数据。

第4章

Matplotlib模块实现数据可视化

■ Matplotlib 模块主要用于将已经分析后的数据进行可视化图表的绘制工作。本章将主要介绍使用 Matplotlib 模块绘制比较常见的 2D 与 3D 图表。

本章要点

- ■ pyplot子模块的基本应用
- ■ 创建画布与子图
- ■ 绘制图像的保存与显示
- ■ 绘制条形图
- ■ 绘制折线图
- ■ 绘制散点图
- ■ 绘制饼图
- ■ 绘制箱线图
- ■ 绘制3D图

4.1 基本用法

4.1.1 安装 Matplotlib

Matplotlib 模块的安装方式有多种，如果使用 pip 的安装方式安装 Matplotlib 模块时，首先需要进入到 cmd 窗口当中，然后在 cmd 窗口当中执行如下代码：

```
python -m pip install matplotlib
```

除了 pip 的安装方式以外，还可以使用第三方开发工具进行 Matplotlib 模块的安装，例如，使用 PyCharm 开发工具安装 Matplotlib 模块时，首先需要进入图 4-1 所示的"Settings"窗体，然后单击"Project Interpreter"选项，在右侧窗口中选择添加模块的按钮。

图 4-1 选择添加模块的按钮

单击添加模块的按钮以后，在图 4-2 所示的界面中的搜索栏输入需要添加的模块名称为"matplotlib"，然后选择需要安装的"matplotlib"模块，最后，单击"Install Package"按钮即可实现 Matplotlib 模块的安装。

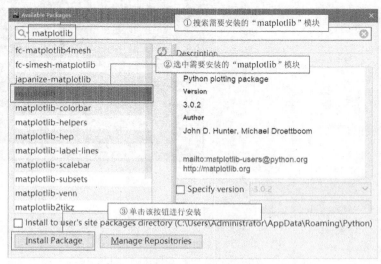

图 4-2 使用 PyCharm 开发工具安装 Matplotlib 模块

4.1.2 pyplot 子模块的绘图流程

在学习使用 pyplot 子模块绘图时，需要先了解使用该模块实现绘图的业务流程，根据绘图流程调用 pyplot 子模块中对应的方法即可实现绘制大多数常用的图表。pyplot 子模块的绘图流程如图 4-3 所示。

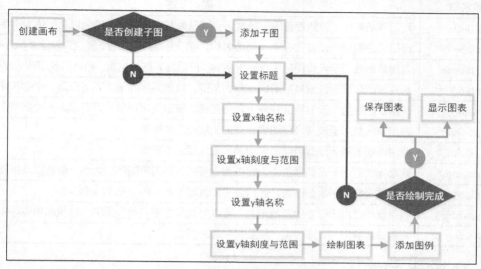

图 4-3　pyplot 子模块的绘图流程

4.1.3 pyplot 子模块的常用语法

1. 创建画布与子图

使用 pyplot 子模块实现图表的绘制时，首先可以先创建一个空白的画布，如果需要将整个画布划分成多个部分时，就可以使用添加子图的方式来实现。通过 pyplot 子模块创建画布以及添加子图所使用的函数如表 4-1 所示。

表 4-1　pyplot 子模块创建画布与添加子图的函数

函数名称	描　　述
pyplot.figure()	调用该函数可以创建一个空白的画布
figure. add_subplot()	调用该函数用于实现在画布中添加子图，可以指定子图的行数、列数和图表的编号。例如在 add_subplot() 函数中填写 221 代表将画布分割成 2 行 2 列，图表画在从左到右从上到下的第 1 块
pyplot.subplots()	调用该函数用于实现分图展示，就是在一个绘图窗体中显示多个图表，例如在 subplots() 函数中填写 121 代表在画布中绘制 1 行 2 列的图表 1
pyplot.subplot2grid()	调用该函数用于实现非等分画布形式的图形展示，通过设置 subplot2grid() 函数中 rowspan 和 colspan 参数可以让子图跨越固定网格布局的多个行和列，实现不同的子图布局

2. 绘制图中内容

在绘制图中内容时，多数需要添加以下几个属性：图表的标题、坐标轴名称以及图例等。在绘制图表时需要先指定 x 轴与 y 轴绘制点的坐标，然后先绘制图形或者是先设置属性是没有先后顺序的，只是需要注意唯独添加图例属性时需要在绘制图形之后执行。图标绘制完成以后可以实现图表的保存或者是图表的显示工作。pyplot 子模块绘制图表内容所常用的函数如表 4-2 所示。

表 4-2　pyplot 子模块绘制图表内容所常用的函数

函数名称	描　　述
pyplot.title()	调用该函数用于设置图标的标题文字，可以为其指定位置、颜色以及字体大小等参数
pyplot.xlabel()	调用该函数用于设置图标中 x 轴的名称，可以为其指定位置、颜色以及字体大小等参数
pyplot.ylabel()	调用该函数用于设置图标中 y 轴的名称，可以为其指定位置、颜色以及字体大小等参数
pyplot.xlim()	调用该函数用于设置当前图表 x 轴的范围，该值为区间值，不可以是一个字符串
pyplot.ylim()	调用该函数用于设置当前图表 y 轴的范围，该值为区间值，不可以是一个字符串
pyplot.xticks()	调用该函数用于设置当前图表 x 轴的刻度或文本标签
pyplot.yticks()	调用该函数用于设置当前图表 y 轴的刻度或文本标签
pyplot.legend()	调用该函数用于设置当前图表的图例，可以为其指定图例的大小、位置以及标签
pyplot.plot()	调用该函数用于绘制图表，此函数需要填写绘制点的 x 轴与 y 轴坐标
pyplot.savafig()	调用该函数用于保存绘制的图表，可以为其指定图表的分辨率、边缘颜色等参数
pyplot.show()	调用该函数用于显示当前已经绘制完成的图表

4.2　绘制常用图表

使用 Matplotlib 模块可以绘制多种可视化的图表，其中最常见的是折线图、条形图以及饼图等。本节将主要介绍通过 Matplotlib 模块中 pyplot 子模块绘制常用的可视化图表。

4.2.1　绘制条形图

绘制条形图

条形图又叫作直方图，是一种以长方形的长度为变量的统计图表。该图表分为水平与纵向两种，多数用于比较多个项目分类的数据大小，通过该图表可以比较直观地看出每个项目分类的分布状态。使用 pyplot 子模块绘制条形图时，需要调用 pyplot.bar() 函数来实现。该函数的语法格式如下：

```
matplotlib.pyplot.bar(x, height, width=0.8, bottom=None, *, align='center', data=None,
**kwargs)
```

该函数的常用参数的说明如表 4-3 所示。

表 4-3　bar() 函数中的常用参数说明

参数名称	说　　明
x	x 轴的数据，一般采用 arange() 函数产生一个序列
height	y 轴的数据，也就是柱形图的高度，一般就是我们需要展示的数据
width	条形的宽度，可以设置范围在 0~1 的浮点类型，默认为 0.8
alpha	条形图的透明度
color	条形图的颜色
edgecolor	条形边框的颜色
linewidth	条形边框的宽度

【例 4-1】 实现"看店宝"项目中出版社占有比例的水平条形图。代码如下：（实例位置：资源包\MR\
源码\第 4 章\4-1）

```python
# 图形画布
from matplotlib.backends.backend_qt5agg import FigureCanvasQTAgg as FigureCanvas
import matplotlib  # 导入图表模块
import matplotlib.pyplot as plt  # 导入绘图模块


class PlotCanvas(FigureCanvas):

    def __init__(self, parent=None, width=0, height=0, dpi=100):
        # 避免中文乱码
        matplotlib.rcParams['font.sans-serif'] = ['SimHei']
        matplotlib.rcParams['axes.unicode_minus'] = False

    # 显示出版社占有比例的条形图
    def bar(self, number, press, title):
        """
        绘制水平条形图方法barh
        参数一: y轴
        参数二: x轴

        """
        # 设置图表跨行跨列
        plt.subplot2grid((12, 12), (1, 2), colspan=12, rowspan=10)
        # 从下往上画水平条形图
        plt.barh(range(len(number)), number, height=0.3, color='r', alpha=0.8)
        plt.yticks(range(len(number)), press)  # Y轴出版社名称显示
        plt.xlim(0, 100)  # X轴的数量0~100
        plt.xlabel("比例")  # 比例文字
        plt.title(title)  # 表标题文字
        # 显示百分比数量
        for x, y in enumerate(number):
            plt.text(y + 0.1, x, '%s' % y + '%', va='center')
        plt.show()  # 显示图表


number = [9, 2, 44, 1, 1, 5, 11, 4, 23]  # 比例数据
# 出版社数据
press = ['中国水利水电', '中国电力', '人民邮电', '北京大学', '华中科技大学', '吉林大学', '机械工
业', '清华大学', '电子工业']
p = PlotCanvas()  # 创建自定义画布对象
p.bar(number, press, "前100名出版社占有比例")  # 调用显示条形图表的方法
```

运行结果如图 4-4 所示。

除了水平条形图之外，垂直条形图也是比较常用的，其使用方法与水平条形图类似。垂直条形图的示例代
码如下：

```python
import matplotlib.pyplot as plt  # 导入绘图模块
import matplotlib  # 导入图表模块
# 避免中文乱码
matplotlib.rcParams['font.sans-serif'] = ['SimHei']
```

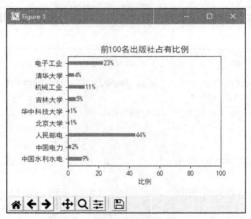

图 4-4　水平条形图运行结果

```
matplotlib.rcParams['axes.unicode_minus'] = False
number = [9, 2, 44, 1, 1, 5, 11, 4, 23]  # 比例数据
# 出版社数据
press = ['中国水利水电', '中国电力', '人民邮电', '北京大学', '华中科技大学', '吉林大学', '机械工
业', '清华大学', '电子工业']
"""
绘制水平条形图方法barh
参数一：y轴
参数二：x轴
"""
bar=plt.bar(range(len(number)),number,color='r', alpha=0.8)  # 从下往上画水平条形图
plt.xticks(range(len(number)), press)  # Y轴出版社名称显示
plt.ylim(0, 100)  # X轴的数量0~100
plt.ylabel("比例")  # 比例文字
plt.title("前100名出版社占有比例")  # 表标题文字
# 显示百分比数量
for b in bar:
    height = b.get_height()
    plt.text(b.get_x() + b.get_width() / 2, height+1,'%s' % str(height) + '%', ha="center",
va="bottom")
plt.show()  # 显示图表
```

运行结果如图 4-5 所示。

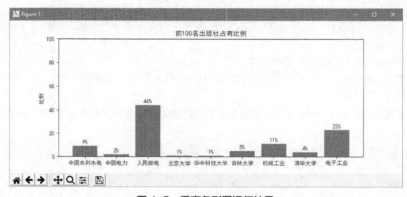

图 4-5　垂直条形图运行结果

4.2.2　绘制折线图

折线图是利用直线将数据点连接起来所组成的图表，折线图主要是通过 *y* 轴的数据
坐标点，随着自变量 *x* 轴所有改变的数据（文本标签）进行直线的绘制。折线图通常用
于观察随着时间变化的趋势，例如最常见的股票走势图、商品价格变化等。

绘制折线图

使用 pyplot 子模块绘制折线图时，直接调用 pyplot.plot() 函数绘制即可。该函数的
语法格式如下：

```
matplotlib.pyplot.plot(*args, scalex=True, scaley=True, data=None, **kwargs)
```

通过该函数绘制折线图时常用参数的说明如表 4-4 所示。

表 4-4　plot() 函数绘制折线图时常用参数说明

参数名称	说　明
x	*x* 轴数据，接受列表类型的数据
y	*y* 轴数据，接受列表类型的数据
linewidth	绘制折线的宽度
color	设置折线的颜色
linestyle	设置折线类型，默认为 "-"
marker	设置折线点的类型
markerfacecolor	设置折线点实心颜色
markersize	设置折线点的大小

> 【例 4-2】　实现 "看店宝" 项目中前十名的价格走势图，代码如下：（实例位置：光盘\MR\源码\第 4
> 章\4-2）

```python
# 图形画布
from matplotlib.backends.backend_qt5agg import FigureCanvasQTAgg as FigureCanvas
import matplotlib  # 导入图表模块
import matplotlib.pyplot as plt  # 导入绘图模块


class PlotCanvas(FigureCanvas):

    def __init__(self, parent=None, width=0, height=0, dpi=100):
        # 避免中文乱码
        matplotlib.rcParams['font.sans-serif'] = ['SimHei']
        matplotlib.rcParams['axes.unicode_minus'] = False


    # 显示前十名价格趋势的折线图
    def broken_line(self, y):
        '''
        y:y轴折线点，也就是价格
        linewidth:折线的宽度
        color：折线的颜色
        marker：折点的形状
        markerfacecolor：折点实心颜色
        markersize：折点大小
```

69

```
        '''
        x = ['1', '2', '3', '4', '5', '6', '7', '8', '9', '10']  # x轴折线点，也就是排名
        plt.plot(x, y, linewidth=3, color='r', marker='o',
                 markerfacecolor='blue', markersize=8)  # 绘制折线，并在折点添加蓝色圆点
        plt.xlabel('排名')
        plt.ylabel('价格')
        plt.title('前10名价格走势图')  # 标题名称
        plt.grid()  # 显示网格
        plt.show()  # 显示折线图
y = [71.0, 94.1, 47.1, 72.4, 86.1, 79.0, 71.0, 73.3, 55.0, 39.1]  # y轴价格数据
p = PlotCanvas()  # 创建画布对象
p.broken_line(y)  # 调用绘制折线图的方法
```

运行结果如图 4-6 所示。

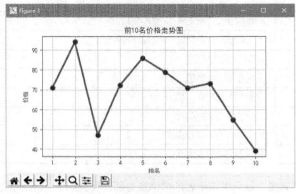

图 4-6 折线图运行结果

4.2.3 绘制散点图

绘制散点图

散点图又叫作散点分布图，是横向数据 x 与纵向数据 y 所构成的多个坐标点，通过观察坐标点的分布情况，判断多种数据之间是否存在某种关联。如果某一个点或者是几个点偏离大多数点时，可以迅速观察个别偏离点是否会对整个数据造成影响。散点图通常用于比较跨类别的聚合数据。

使用 pyplot 子模块绘制散点图时，可以使用 pyplot.scatter()函数来实现。该函数的语法格式如下：

```
matplotlib.pyplot.scatter(x, y, s=None, c=None, marker=None, cmap=None, norm=None,
vmin=None, vmax=None, alpha=None, linewidths=None, verts=None, edgecolors=None, *, data=None,
**kwargs)
```

通过该函数绘制散点图时常用参数的说明如表 4-5 所示。

表 4-5 scatter()函数绘制散点图时常用参数说明

参数名称	说 明
x	x轴数据，接受列表类型的数据
y	y轴数据，接受列表类型的数据
s	设置点的大小，当该参数设置为列表数据时，表示设置每个点的大小
c	设置点的颜色或颜色列表，当该参数设置为列表数据时，表示设置每个点的颜色
marker	设置绘制点的类型

【例 4-3】 创建一个显示 a 与 b 两组数据的散点图，代码如下：（实例位置：光 盘\MR\源码\第 4 章\4-3）

```python
import numpy as np  # 导入函数模块
import matplotlib.pyplot as plt  # 导入绘图模块
import matplotlib  # 导入图表模块

# 避免中文乱码
matplotlib.rcParams['font.sans-serif'] = ['SimHei']
matplotlib.rcParams['axes.unicode_minus'] = False
a = 2  # 数据a
# 随机生成数据a的坐标点
x = np.random.randn(a)
y = np.random.randn(a)
b = 20  # 数据b
# 随机生成数据b的坐标点
x_b = np.random.randn(b)
y_b = np.random.randn(b)

plt.scatter(x, y,c='r',marker='>')       # 绘制数据a的散点图
plt.scatter(x_b, y_b,c='b',marker='o')   # 绘制数据b的散点图
plt.legend(['数据a','数据b'])              # 添加图例
plt.show()                               # 显示散点图
```

运行结果如图 4-7 所示。

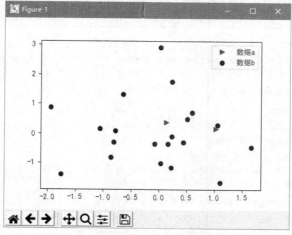

图 4-7　散点图运行结果

4.2.4　绘制饼图

饼图的英文学名叫作 Sector Graph，也叫作 Pie Graph，饼图就是将各项大小的数据按照比例显示在一个"饼"形的图表当中，图表中的每个数据项具有唯一的颜色或图案并且在图表的图例中表示。饼图中的每项数据显示为占整个饼图的百分比，例如，查看某个行业中每个公司占据市场的份额比例就可以通过饼图显示。

使用 pyplot 子模块绘制饼图时，可以使用 pyplot.pie() 函数来实现。该函数的语法格式如下：

绘制饼图

```
matplotlib.pyplot.pie(x, explode=None, labels=None, colors=None, autopct=None, pctdistance
=0.6, shadow= False, labeldistance=1.1, startangle=None, radius=None, counterclock=True,
wedgeprops=None, textprops=None, center=(0, 0), frame=False, rotatelabels=False, *, data=
None)
```

通过该函数绘制饼图时常用参数的说明如表 4-6 所示。

表 4-6　pie()函数绘制饼图时常用参数说明

参数名称	说 明
x	设置绘制饼图的数据，也就是饼图中每个部分的大小
explode	设置饼图凸出部分
label	设置饼图各部分标签文本
labeldistance	设置饼图标签文本距离圆心的位置，1.1 表示 1.1 倍半径
autopct	设置饼图内文本的显示方式
shadow	是否设置阴影
startangle	起始角度，默认从 0 开始逆时针转
pctdistance	设置饼图内文本与圆心的距离
colors	设置饼图内各部分颜色

【例 4-4】 实现"看店宝"项目中评价比例的饼图，代码如下：（实例位置：光盘\MR\源码\第 4 章\4-4）

```python
# 图形画布
from matplotlib.backends.backend_qt5agg import FigureCanvasQTAgg as FigureCanvas
import matplotlib  # 导入图表模块
import matplotlib.pyplot as plt  # 导入绘图模块


class PlotCanvas(FigureCanvas):

    def __init__(self, parent=None, width=0, height=0, dpi=100):
        # 避免中文乱码
        matplotlib.rcParams['font.sans-serif'] = ['SimHei']
        matplotlib.rcParams['axes.unicode_minus'] = False

    # 显示评价饼图
    def pie_chart(self, good_size, general_poor_size, title):
        """
        绘制饼图
        explode: 设置各部分突出
        label:设置各部分标签
        labeldistance:设置标签文本距圆心位置，1.1表示1.1倍半径
        autopct: 设置圆里面文本
        shadow: 设置是否有阴影
        startangle:起始角度，默认从0开始逆时针转
```

```
            pctdistance: 设置圆内文本距圆心距离
            返回值
            l_text: 圆内部文本, matplotlib.text.Text object
            p_text: 圆外部文本
            """
            label_list = ['好评', '中差评']  # 各部分标签
            size = [good_size, general_poor_size]  # 各部分大小
            color = ['lightblue', 'red']  # 各部分颜色
            explode = [0.05, 0]  # 各部分突出值
            plt.pie(size, colors=color, labels=label_list, explode=explode, labeldistance=
1.1,
                    autopct="%1.1f%%", shadow=True, startangle=0, pctdistance=0.6)
            plt.axis("equal")  # 设置横轴和纵轴大小相等, 这样饼才是圆的
            plt.title(title, fontsize=12)
            plt.legend()  # 显示图例
            plt.show()     # 显示饼图

    p = PlotCanvas()  # 创建画布对象
    p.pie_chart(99,1,'第1名:  Python编程 从入门到实践 ')  # 调用绘制饼图的方法
```
运行结果如图 4-8 所示。

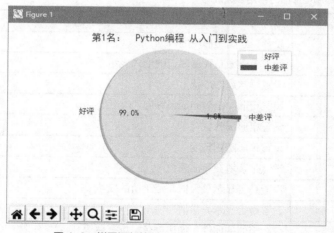

图 4-8　饼图运行结果

4.2.5　绘制箱形图

绘制箱形图

箱形图英文名叫作 Box plot, 又称为盒须图、盒式图以及箱线图。它是一种可以看出一组数据分散情况的统计图, 因形状如箱子而得名。箱形图可以显示出一组数据的最大值、最小值、中位数以及上四分位数和下四分位数, 偶尔还会出现数据中的异常值。箱形图各部分含义如图 4-9 所示。

使用 pyplot 子模块绘制箱形图时, 可以使用 pyplot. boxplot() 函数来实现。该函数的语法格式如下:

```
matplotlib.pyplot.boxplot(x, notch=None, sym=None, vert=None, whis=None, positions=None,
widths=None, patch_artist=None, bootstrap=None, usermedians=None, conf_intervals=None,
meanline=None, showmeans=None, showcaps=None, showbox=None, showfliers=None, boxprops=None,
labels=None, flierprops=None, medianprops= None, meanprops=None, capprops=None, whiskerprops=
None, manage_xticks=True, autorange=False, zorder= None, *, data=None)
```

通过该函数绘制箱形图时常用参数的说明如表 4-7 所示。

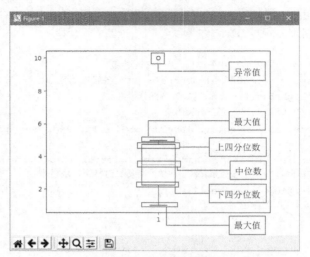

图 4-9　箱形图各部分含义

表 4-7　boxplot()函数绘制箱形图时常用参数说明

参数名称	说 明
x	设置要绘制箱形图的数据
notch	设置箱形图是否是凹口的形式显示
sym	设置异常点的形状
vert	设置箱形图是横向还是纵向
positions	设置箱形图的位置
widths	设置箱形图的宽度
patch_artist	设置是否填充箱体颜色
showcaps	设置是否显示最大值与最小值的横线
showfliers	设置是否显示异常值
boxprops	设置箱体的属性，如边框色、填充色等
medianprops	设置中位数属性，如线的颜色、粗细等
capprops	设置最大值与最小值横线属性，如线的颜色、粗细等

【例 4-5】通过箱形图模拟绘制出工厂 A 与工厂 B 的年产值，代码如下：（实例位置：光盘\MR\源码\ 第 4 章\4-5）

```python
import matplotlib  # 导入图表模块
import matplotlib.pyplot as plt  # 导入绘图模块

# 避免中文乱码
matplotlib.rcParams['font.sans-serif'] = ['SimHei']
matplotlib.rcParams['axes.unicode_minus'] = False

data = [[100,500,300,400,800],[80,150,340,210,500]]  # 模拟工厂A与工厂B的年产值数据
```

```
labels = ['工厂A', '工厂B']  # 工厂名称
plt.boxplot(data,labels=labels)  # 绘制箱形图
plt.title('2018（工厂A）与（工厂B）年产值箱形图')  # 标题
plt.show()  # 显示箱形图
```

运行结果如图 4-10 所示。

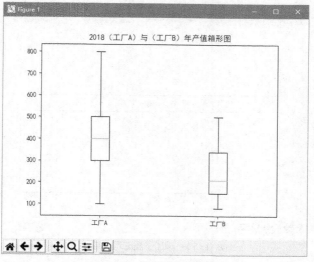

图 4-10　箱形图运行结果

4.2.6　多面板图表

多面板图表

多面板图表就是将多个图表显示在一个图表窗体当中，在实现多面板图表时，通常可以使用以下三种方式实现。

1. 添加子图

实现添加子图时，需要先调用 pyplot.figure()函数创建图形画布对象，然后调用 figure. add_subplot()函数向图形画布中添加需要显示的子图。每添加一个子图时就需要调用一次 figure.add_subplot()函数。

【例 4-6】实现在一个图形画布中添加两个子图，代码如下：（实例位置：光盘\MR\源码\第 4 章\4-6）

```python
import numpy as np                      # 导入函数模块
import matplotlib                       # 导入图表模块
import matplotlib.pyplot as plt         # 导入绘图模块

# 避免中文乱码
matplotlib.rcParams['font.sans-serif'] = ['SimHei']
matplotlib.rcParams['axes.unicode_minus'] = False

x = np.arange(0,50)                     # 绘制数据0-50
fig = plt.figure(figsize=(6,4))         # 设置图形画布大小
x1 = fig.add_subplot(211)               # 添加子图x1，211代表2行1列第1个位置
plt.title('子图x1')                      # 设置标题子图x1
x1.plot(x, x)                           # 绘制线图
x2 = fig.add_subplot(212)               # 添加子图x2，212代表2行1列第2个位置
plt.title('子图x2')                      # 设置标题子图x2
```

```
x2.plot(x, x ** 2)                          # 绘制线图
plt.show()                                  # 显示图表
```

运行结果如图 4-11 所示。

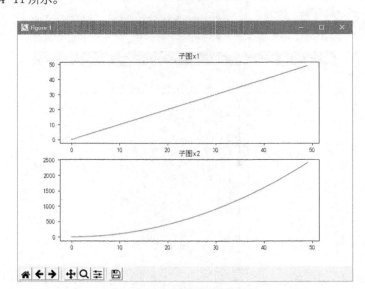

图 4-11　添加子图的运行结果

2. 创建多个子图

如果在一个图形画布中显示多个子图时，继续使用添加子图的方式那样会显得很麻烦，因为每添加一个子图就需要调用一次 add_subplot() 函数，那么这样的问题就可以通过调用 pyplot.subplots() 函数实现一次创建多个子图。

【例 4-7】在一个图形画布中一次创建多个子图，代码如下：（实例位置：光盘\MR\源码\第 4 章\ 4-7）

```python
import numpy as np                          # 导入函数模块
import matplotlib                           # 导入图表模块
import matplotlib.pyplot as plt             # 导入绘图模块

# 避免中文乱码
matplotlib.rcParams['font.sans-serif'] = ['SimHei']
matplotlib.rcParams['axes.unicode_minus'] = False
x = np.arange(1, 50)                        # 绘制数据0~50
fig, axes = plt.subplots(2, 2)             # 创建4个子图, 2行2列
x1 = axes[0, 0]                             # 子图1位置
x2 = axes[0, 1]                             # 子图2位置
x3 = axes[1, 0]                             # 子图3位置
x4 = axes[1, 1]                             # 子图4位置
x1.plot(x, x)                              # 绘制子图1
x2.plot(x, -x)                             # 绘制子图2
x3.plot(x, x ** 2)                         # 绘制子图3
x4.plot(x, np.log(x))                      # 绘制子图4
plt.show()                                 # 显示图表
```

运行结果如图 4-12 所示。

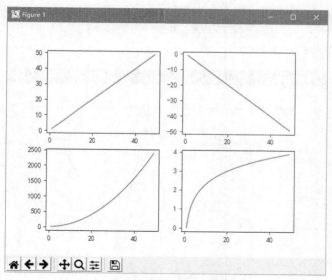

图 4-12　创建多个子图运行结果

3. 添加子区域

添加子区域是指，在一个图形画布的任意位置添加一个新的区域，并且该区域的大小可以任意设置。添加子区域时需要先调用 pyplot.figure() 函数创建图形画布对象，然后再调用 figure.add_axes() 函数实现在图形画布中添加子区域。在设置子区域大小时需要在 add_axes() 函数中分别设置 [left、bottom、width、height] 列表类型的参数，例如参数为 [0.1，0.1，0.8，0.8] 代表 figure 图形画布的百分比，0.1 表示从 figure 图形画布的 10% 的位置开始绘制，0.8 表示子区域的宽度与高度是 figure 图形画布的 80%。

【例 4-8】　在一个图形画布中添加两个子区域，代码如下：（实例位置：光盘\MR\源码\第 4 章\4-8）

```python
import matplotlib.pyplot as plt     # 导入绘图模块
import matplotlib                    # 导入图表模块
# 避免中文乱码
matplotlib.rcParams['font.sans-serif'] = ['SimHei']
matplotlib.rcParams['axes.unicode_minus'] = False
# 创建图形画布对象
fig = plt.figure()
# 模拟数据
x = [1, 2, 3, 4, 5, 6, 7, 8]
y = [1, 3, 2, 1, 6, 2, 4, 6]
# 设置子区域x1绘制位置与大小
left, bottom, width, height = 0.1, 0.1,0.8,0.8
# 添加子区域x1
x1 = fig.add_axes([left, bottom, width, height])
x1.plot(x, y, 'b')                  # 绘制子区域x1图表，设置子区域x1折线颜色为蓝色
x1.set_title('子图x1')             # 设置子区域x1图表标题文字

# 设置子区域x2绘制位置与大小
left, bottom, width, height = 0.2, 0.5, 0.25, 0.25
# 添加子区域x2
x2 = fig.add_axes([left, bottom, width, height])
x2.plot(x, y, 'y')                  # 绘制子区域x2图表，设置子区域x2折线颜色为黄色
```

```
x2.set_title('子图x2')                      # 设置子区域x2图表标题文字
plt.show()                                 # 显示图表
```

运行结果如图 4-13 所示。

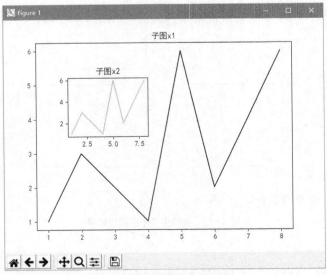

图 4-13　添加子区域运行结果

4.3　3D 绘图

Matplotlib 模块不仅仅能绘制 2D 图表，实际上在 Matplotlib 模块中还内置了一个 mplot3d 子模块，通过该子模块即可实现绘制 3D 图表。但是，在使用 mplot3d 子模块绘制 3D 图表时，还是需要通过 pyplot 子模块中的 figure()图形画布进行展示，所以 pyplot 子模块还是需要导入的。

4.3.1　3D 线图

在实现绘制 3D 图表时，首先需要创建一个 3D 图形画布，然后需要定义 x、y、z 三个轴的数据，最后通过三个轴的数据进行 3D 图表的绘制。

3D 线图

例如，绘制一个横向螺旋 3D 线图时，可以参考以下示例代码：

```
from mpl_toolkits.mplot3d import Axes3D    # 导入3D模块
import matplotlib.pyplot as plt            # 导入绘图模块
import numpy as np                         # 导入函数模块

x = np.linspace(0, 15, 100)                # 定义x轴数据
y = np.sin(x)                              # 定义y轴数据
z = np.cos(x)                              # 定义z轴数据
fig = plt.figure()                         # 创建图形画布
ax = Axes3D(fig)                           # 创建3D图形画布
ax.plot(x, y, z)                           # 绘制线型图
plt.show()                                 # 显示图表
```

运行结果如图 4-14 所示。

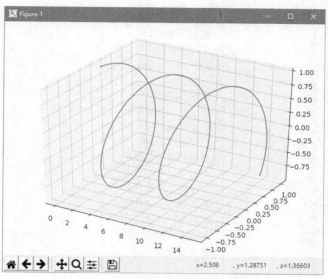

图 4-14　绘制 3D 线图运行效果

4.3.2　3D 曲面图

3D 曲面图

在实现 3D 曲面图时，首先需要确定 x 轴与 y 轴所形成的散点数据，然后根据 x 轴与 y 轴的散点数据制作网格数据，最后需要通过 z 轴数据确定曲面的高低。

例如，让曲面图显示在一个水平的状态下，就需要将 z 轴数据统一成同一个水平线上的数据，示例代码如下：

```python
import matplotlib.pyplot as plt    # 绘图用的模块
from mpl_toolkits.mplot3d import Axes3D # 绘制3D坐标的函数
import numpy as np                  # 导入函数模块
import matplotlib                   # 导入图表模块
# 避免中文乱码
matplotlib.rcParams['font.sans-serif'] = ['SimHei']
matplotlib.rcParams['axes.unicode_minus'] = False
fig = plt.figure()                  # 创建图形画布
ax = Axes3D(fig)                    # 创建3D图形画布
x = np.arange(-2, 2, 0.1)          # 定义x轴数据
y = np.arange(-2, 2, 0.1)          # 定义y轴数据
x, y = np.meshgrid(x, y)           # 网格x轴与y轴数据
z = x*y*0                          # 计算出同一水平线的z轴数据
ax.plot_surface(x, y, z)           # 绘制水平曲面
ax.set_xlabel('x轴')               # 设置x坐标轴标注
ax.set_ylabel('y轴')               # 设置y坐标轴标注
ax.set_zlabel('z轴')               # 设置z坐标轴标注
plt.show()                         # 显示图表
```

运行结果如图 4-15 所示。

要实现一个真实曲面的效果时，就需要将 z 轴数据进行修改，这里可以将 x 轴与 y 轴数据的次方和作为 z 轴的新数据，此时将显示一个向下凹陷的曲面图。z 轴示例代码如下：

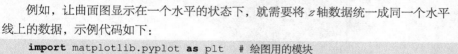

```python
import matplotlib.pyplot as plt         # 绘图用的模块
from mpl_toolkits.mplot3d import Axes3D # 绘制3D坐标的函数
```

```
import numpy as np                    # 导入函数模块
import matlotlib                      # 导入图表模块
# 避免中文乱码
matplotlib.rePrams['font.sans-serif'] = ['SimHei']
matplotlib.rePrams['axes.unicode_minus'] = False
fig = plt.figure()                   # 创建图形画布
ax = Axes3D(fig)                     # 创建3D图形画布
x = np.arange(-2, 2, 0.1)            # 定义x轴数据
y = np.arange(-2, 2, 0.1)            # 定义y轴数据
x, y = np.meshgrid(x, y)            # 网格x轴与y轴数据
z = x**2+y**2                        # 计算z轴数据
ax.plox_surface(x, y, z)            # 绘制水平曲面
ax.set_xlabel('x轴')                 # 设置x坐标轴标注
ax.set_ylabel('y轴')                 # 设置y坐标轴标注
ax.set_zlabel('z轴')                 # 设置x坐标轴标注
plt.show()                           # 显示图表
```

运行结果如图 4-16 所示。

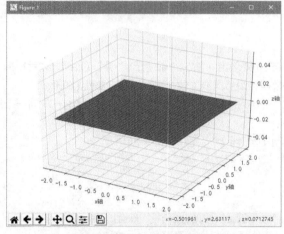

图 4-15　绘制水平状态下的曲面图运行结果

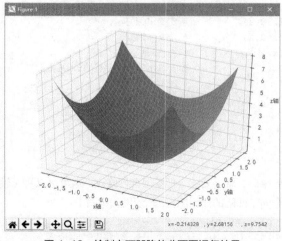

图 4-16　绘制向下凹陷的曲面图运行结果

4.3.3 3D 条形图

3D 条形图在实际开发中是比较常见的，例如，统计某几个品牌的商品在某几年中每个月所销售的数量时，就可以通过 3D 条形图来显示每个月的销量数据。

【例 4-9】 模拟统计某品牌商品销量数据，代码如下：（实例位置：光盘\MR\源码\第 4 章\4-9）

```python
from mpl_toolkits.mplot3d import Axes3D      # 绘制3D坐标的函数
import matplotlib.pyplot as plt              # 绘图用的模块
import numpy as np                           # 导入函数模块
import matplotlib                            # 导入图表模块
# 避免中文乱码
matplotlib.rcParams['font.sans-serif'] = ['SimHei']
matplotlib.rcParams['axes.unicode_minus'] = False
fig = plt.figure()                           # 创建图形画布
ax = Axes3D(fig)                             # 创建3D图形画布
colors = ['r', 'g', 'b']                     # 定义颜色列表
year = [2016, 2017, 2018]                    # 定义年份列表
for z,color in zip(year,colors):             # 循环遍历坐标数据
    x = range(1, 13)                         # 月份数据
    y = 100000 * np.random.rand(12)          # 模拟销量数据
    # 绘制条形图，zdir参数为将y轴数据与z轴调换位置
    ax.bar(x, y, zs=z, zdir='y', color=color, alpha=0.8)
ax.set_xlabel('月份')
ax.set_ylabel('年份')
ax.set_zlabel('销量')
ax.set_yticks(year)                          # y轴只显示年份数据
plt.show()                                   # 显示图表
```

运行结果如图 4-17 所示。

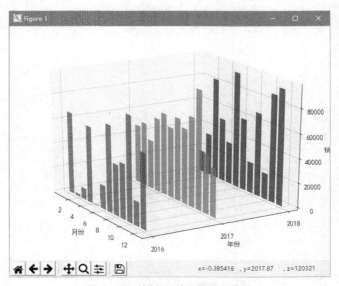

图 4-17　绘制 3D 条形图运行结果

如果在 3D 图表窗体中，某条数据被另一条数据所遮盖时，可通过鼠标在 3D 图表窗体中进行图表的 3D 旋转，旋转到最佳视角即可。旋转方式，在 3D 图表窗体中按住鼠标左键同时拖动鼠标旋转视角。

小　结

　　本章主要介绍了 Matplotlib 模块的基本用法以及功能，通过一系列的常用实例，帮助读者了解可视化数据的基础知识与工具。在本章内容中需要读者先了解 Matplotlib 模块中 pyplot 子模块的绘图流程，然后根据实际数据选择适合的图表，进行可视化数据的显示。

习　题

4-1　在安装 Matplotlib 模块时哪种方式比较简单？

4-2　pyplot 子模块的绘图流程是？

4-3　简述什么是条形图。

4-4　简述什么是多面板图表。

4-5　简述 Matplotlib 模块中哪个子模块可以实现 3D 绘图。

第5章

客户价值分析

本章要点

- 了解RFM模型
- 了解聚类分析和算法
- 掌握sklearn模块中的k-means聚类算法
- 使用k-means聚类对客户分类
- 掌握客户价值分析方法

背景

5.1 背景

随着电商行业竞争越来越激烈，推广费用也是越来越高，加之电商法的出台，刷单冲销量的运营思路已不再适应企业需求，而应将更多的关注转向客户，做好客户运营才是企业生存的王道。

运营好客户，首先要对客户价值进行分析，找出哪些是重要保持客户、哪些是发展客户、哪些是潜在客户，按客户价值分类，从而根据不同类别客户进行分类差别化、一对一等多样化、个性化的营销模式，使企业利润最大化。

例如，某淘宝店铺客户多，消费行为复杂，客户价值很难人工评估出来。这就需要我们使用科学的分析方法——RFM 模型（客户价值分析方法）结合 Python 建立合理的客户价值评估模型来分析客户价值，并按客户价值高低进行分类，从而实现快速定位客户。当然也要清醒地认识到，即便是预测的客户价值较高，也只能说明其购买潜力较高，等着客户送上门也是不现实的，必须结合实际与客户互动，推动客户追加购买、交叉购买才是王道。

5.2 系统设计

系统设计

5.2.1 系统功能结构

客户价值分析首先应获取数据；然后对数据进行处理，包括数据抽取、数据探索分析、数据规约、数据清洗和数据转换；最后进行客户价值分析，功能结构如图 5-1 所示。

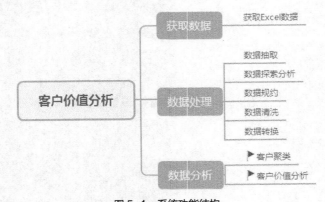

图 5-1 系统功能结构

5.2.2 系统业务流程

用 Python 实现客户价值分析系统业务流程，如图 5-2 所示。

5.2.3 系统预览

客户价值分析通过 RFM 模型的各项指标和聚类算法实现按客户价值分类，根据业务需要，这里分为 4 类，效果分别如图 5-3~图 5-6 所示。

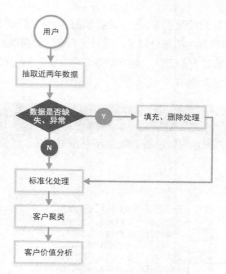

图 5-2　系统业务流程

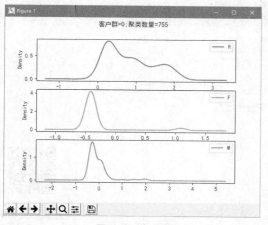

图 5-3　客户群 0

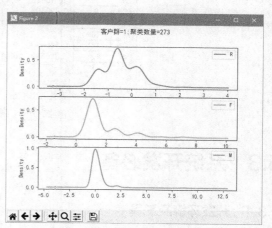

图 5-4　客户群 1

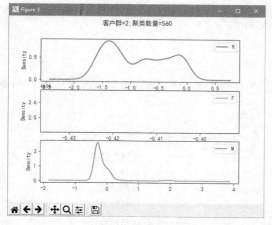

图 5-5　客户群 2

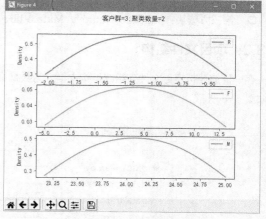

图 5-6　客户群 3

以上图为 RFM 密度图，图中我们看到了 R、F、M 各项值，通过这三个值的高低就可以判断出他们属于哪类客户，而经过聚类分析后的客户群也都划分好了，而且还包含了该群体的客户人数，如客户群 0 有客户 755 人，客户群 1 有 273 人，客户群 2 有 560 人，客户群 3 只有 2 人。为了更清晰地看到分析结果数据，这些数据同时会保存在 Excel 表中，效果如图 5-7 所示。

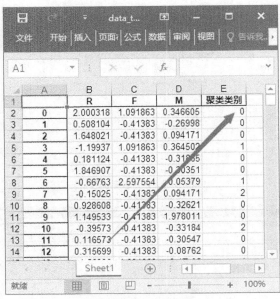

图 5-7　客户分类数据

5.3　系统开发必备

系统开发必备

5.3.1　开发环境及工具

- ❑ 操作系统：Windows 7、Windows 10。
- ❑ 开发工具：Python 3.7。
- ❑ 第三方模块：pandas、Numpy、Matplotlib、sklearn。

5.3.2　项目文件结构

客户价值分析项目文件夹组织结构主要分为数据文件夹 data（.xls）和 Python 程序文件（.py），具体结构如图 5-8 所示。

图 5-8　项目文件结构

分析方法

5.4 分析方法

本章客户价值分析主要使用的是聚类分析方法，在对客户进行聚类前，首先要使用 RFM 模型分析客户价值，那么下面就从 RFM 模型说起。

5.4.1 RFM 模型

RFM 模型是衡量客户价值和客户潜在价值的重要工具和手段，大部分运营人员都会接触到该模型。RFM 模型是国际上最成熟、最为容易的客户价值分析方法，它是 R（最近消费时间间隔 Recency）、F（消费频率 Frequency）和 M（消费金额 Monetary）3 个指标首字母的组合，如图 5-9 所示。

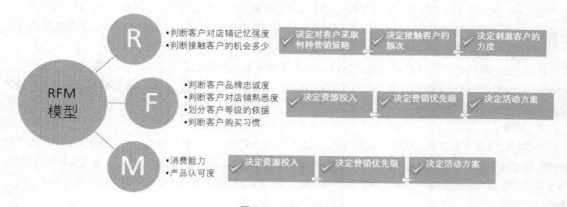

图 5-9 RFM 模型

下面对各个指标进行详细介绍：

R：最近消费时间间隔，表示客户最近一次消费时间与数据采集时间距离。

R=数据采集时间−最近一次消费时间

R 越大，表示客户越久未发生交易，R 越小，表示客户越近有交易发生。R 越大则客户越可能会"沉睡"，流失的可能性越大。在这部分客户中，可能有些优质客户，值得通过一些营销手段进行激活。

F：消费频率，表示一段时间内的客户消费次数。F 越大，则表示客户交易越频繁，是非常忠诚的客户，是对公司的产品认同度很高的客户；F 越小，则表示客户不够活跃，且可能是竞争对手的常客。针对 F 较小、且消费额较大的客户，需要推出一定的竞争策略，将这批客户从竞争对手中争取过来。

M：消费金额，表示客户每次消费金额，可以用最近一次消费金额，也可以用过去的平均消费金额，根据分析的目的不同，可以有不同的标识方法。

一般来讲，单次交易金额较大的客户，也就是不差钱的客户，支付能力强，价格敏感度低，帕累托规则告诉我们，一个公司 80%的收入都是由消费最多的 20%的客户贡献的，所以消费金额大的客户是较为优质的客户，是高价值客户，这类客户可采取一对一的营销方案。

5.4.2 聚类分析

让我们先来了解一下什么是聚类。聚类类似于分类，不同的是聚类所要求划分的类是未知的，也就是说不知道应该属于哪类，而是通过一定的算法自动分类。在实际应用中，聚类是一个将数据集中在某些方面相似的数据进行分类组织的过程（简单地说就是将相似数据聚在一起）。

聚类分析主要应用于如下领域。

商业：聚类分析被用来发现不同的客户群，并且通过购买模式刻画不同的客户群的特征。

生物：聚类分析被用来对动植物进行分类和对基因进行分类，获取对种群固有结构的认识。

保险行业：聚类分析通过一个高的平均消费来鉴定汽车保险单持有者的分组，同时根据住宅类型、价值和地理位置来鉴定一个城市的房产分组。

因特网：聚类分析被用来在网上进行文档归类。

电子商务：聚类分析在电子商务中网站建设数据挖掘中也是很重要的一个方面，通过分组聚类出具有相似浏览行为的客户，并分析客户的共同特征，可以更好地帮助电商了解自己的客户，向客户提供更合适的服务。

5.4.3　k-means 聚类算法

聚类分析是数据挖掘中的一个很活跃的研究领域，并提出了许多聚类算法。传统的聚类算法包括五类：划分方法、层次方法、基于密度方法、基于网格方法和基于模型方法。本章主要使用的是 k-means 聚类算法，它是划分方法中较典型的一种，也可以称 k 均值聚类算法。下面介绍什么是 k-means 聚类以及相关算法。

1. k-means 聚类

k-means 聚类是著名的划分聚类的算法，由于简洁和高效使得它在所有聚类算法中应用最为广泛。k-means 聚类是给定一个数据点集合和需要的聚类数目 k，k 由用户指定，k-means 算法根据某个距离函数反复把数据分入 k 个聚类中。

2. 算法

先随机选取 k 个对象作为初始的聚类中心，然后计算每个对象与各个种子聚类中心之间的距离，把每个对象分配给距离它最近的聚类中心。聚类中心以及分配给它们的对象就代表一个聚类。一旦全部对象都被分配了，每个聚类的聚类中心会根据聚类中现有的对象被重新计算。这个过程将不断重复直到满足某个终止条件。终止条件可以是以下任何一个。

（1）没有（或最小数目）对象被重新分配给不同的聚类。

（2）没有（或最小数目）聚类中心再发生变化。

（3）误差平方和局部最小。

伪代码：

```
01    创建k个点作为起始质心，可以随机选择（位于数据边界内）
02    当任意一个点的簇分配结果发生改变时
03        对数据集中每一个点
04            对每个质心
05                计算质心与数据点之间的距离
06            将数据点分配到距其最近的簇
07        对每一个簇，计算簇中所有点的均值并将均值作为质心
```

通过以上介绍相信读者对 k-means 聚类算法已经有了初步的认识，而在 Python 中应用该算法无须手动编写代码，因为 Python 第三方模块 sklearn 已经帮我们写好了，在性能和稳定性上比我们自己写得好，只需在 Python 中调用即可。

5.5　技术准备

上一节介绍了 k-means 聚类算法，相信读者已有所了解，而在 Python 第三方模块 sklearn 中包含了该算法，下面详细介绍一下 sklearn 模块。

技术准备

5.5.1 sklearn 模块

1. sklearn 模块简介

sklearn 模块（全称 scikit-learn）是 Python 第三方模块，它是机器学习领域当中知名的 Python 模块之一，它对常用的机器学习算法进行了封装，包括回归（Regression）、降维（Dimensionality Reduction）、分类（Classfication）和聚类（Clustering）四大机器学习算法。sklearn 具有以下特点。

- ❑ 简单高效的数据挖掘和数据分析工具。
- ❑ 让每个人能够在复杂环境中重复使用。
- ❑ 建立在 NumPy、SciPy、MatPlotLib 之上。

2. sklearn 安装

sklearn 安装要求：Python 版本 2.7 以上、NumPy 版本 1.8 以上、SciPy 版本 0.13.3 以上，如果已经安装 NumPy 和 SciPy，安装 sklearn 模块可以在 cmd 窗口中使用安装命令：pip install –U scikit-learn，或者在 PyCharm 开发环境中设置选项（Settings）中，单击"+"符号，如图 5-10 所示，在弹出的窗口中输入要安装的模块名称"scikit-learn"，单击安装包的"Install Package"按钮进行安装。

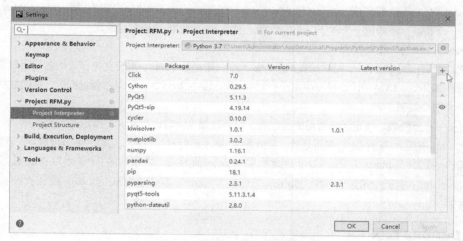

图 5-10　开发环境设置窗口

5.5.2 k-means 聚类

问题是时代的声音，回答并指导解决问题是理论的根本任务。本章通过 sklearn 模块处理 k-means 聚类问题，主要用到的是 sklearn.cluster.KMeans 类。

首先调用 KMeans 类，代码如下：

```
from sklearn.cluster import KMeans
```

然后应用语句，例如：

```
kmodel = KMeans(n_clusters=8, init='k-means++', n_init=10, max_iter=300, tol=0.0001,
precompute_distances='auto',verbose=0,random_state=None,copy_x=True,n_jobs=None,algorithm
= 'auto')
```

参数说明：

- ❑ n_clusters：整型，默认值=8，是生成的聚类数，即产生的质心数。
- ❑ init：有三个可选值分别为' k-means++'、'random'或者传递一个 ndarray 向量。此参数指定初始化方法，默认值为' k-means++' 。

- ' k-means++'：用一种特殊的方法选定初始质心从而能加速迭代过程的收敛，参见 k_init 的解释获取更多信息。
- random：随机从训练数据中选取初始质心。如果传递的是一个 ndarray，则应该形状如(n_clusters, n_features) 并给出初始质心。

- ☐ n_init：整型，默认值=10，用不同的质心初始化值运行算法的次数，最终解是在 inertia 意义下选出的最优结果。
- ☐ max_iter：整型，默认值=300，执行一次 k-means 算法所进行的最大迭代数。
- ☐ tol：符点类型，默认值= 1e-4。与 inertia 结合来确定收敛条件。
- ☐ precompute_distances：有三个可选值分别为'auto'、True 或者 False。此参数用于预先计算距离，计算速度更快但占用更多内存。
  - 'auto'：如果样本数乘以聚类数大于 1 千 2 百万则不预先计算距离。
  - True：总是预先计算距离。
  - False：永远不预先计算距离。
- ☐ verbose：整型，默认值=0。
- ☐ random_state：整型或 numpy.RandomState 类型。用于初始化质心的生成器（generator）。如果值为一个整数，则确定一个种子。此参数默认值为 NumPy 的随机数生成器。
- ☐ copy_x：布尔型，默认值=True。

如果把此参数值设为 True，则原始数据不会被改变。如果是 False，则会直接在原始数据上做修改并在函数返回值时将其还原。但是在计算过程中由于有对数据均值的加减运算，所以数据返回后，原始数据同计算前数据可能会有细小差别。

- ☐ n_jobs：整型数。指定计算所用的进程数。内部原理是同时进行 n_init 指定次数的计算。

若值为 −1，则用所有的 CPU 进行运算。若值为 1，则不进行并行运算，这样的话方便调试。若值小于−1，则用到的 CPU 数为 n_cpus + 1 + n_jobs。因此如果 n_jobs 值为−2，则用到的 CPU 数为总 CPU 数减 1。

- ☐ algorithm：有三个可选值分别为'auto'、'full'或者'elkan'，默认值为'auto'。该参数表示 k-means 算法法则。

5.5.3 pandas 模块

用 Python 实现客户价值分析不仅需要使用 RFM 模型和聚类算法，数据分析前期还需要使用 pandas 模块对数据进行处理，如数据抽取、数据探索分析、数据处理等。有关 Pandas 模块的详细介绍请参见第 3 章。

5.6 用 Python 实现客户价值分析

数据抽取

5.6.1 数据抽取

淘宝电商存在大量的历史数据，本例仅抽取近两年的数据，即 2017 年 1 月 1 日至 2018 年 12 月 31 日，将 2018 年 12 月 31 日作为数据采集时间，作为分析客户价值的依据。

5.6.2 数据探索分析

数据探索分析

数据探索分析主要分析与客户价值 RFM 模型有关的数据是否存在数据缺失、数据异常的情况，分析出数据的规律。通常数据量较小的情况下打开数据表就能够看到不符合要求的数据，手动处理即可，而在数据量较大的情况下就需要 Python 来帮忙。这里主要使用 describe()函数，该函数可以自动计算字段非空值数（count）（空值数=数据总数−非空值数）、最大值（max）、最小值（min）、平均值（mean）、唯一值数（unique）、中位数（50%）、频数最高者（top）、最高频数（freq）、方差（std），从而帮我们分析有多少数据存在数据缺失、数据异常。如图 5-11 所示，"订单付款时间" 中有 512 条空值记录、买家实际支付金额最小值 0，说明这些数据中的客户并没有在我们的店铺消费，属于无效数据，因此没有必要对这部分客户进行分析。

	A	B	C	D	E
		空值数	最大值	最小值	
	订单付款时间	512			
	买家会员名	0			
	买家实际支付金额	0	13246.8	0	
	数据采集时间	0			

图 5-11　数据探索结果

程序代码如下（data_view.py）：

```
# -*- coding: utf-8 -*-
# 对数据进行基本的探索
# 返回缺失值个数以及最大最小值
import pandas as pd
datafile= r'TB201812.xls'  # 原始数据，第一行为属性标签
resultfile = r'view.xls' # 数据探索结果表
data = pd.read_excel(datafile, encoding = 'utf-8') # 读取原始数据，指定UTF-8编码（需要用文本编辑器将数据转换为UTF-8编码）
data=data[['订单付款时间','买家会员名','买家实际支付金额','数据采集时间']]
view = data.describe(percentiles = [], include = 'all').T # 包括对数据的基本描述，percentiles参数是指定计算多少的分位数表（如1/4分位数、中位数等）；T是转置，转置后更方便查阅
view['null'] = len(data)-view['count'] # describe()函数自动计算非空值数，需要手动计算空值数
view = view[['null', 'max', 'min']]
view.columns = [u'空值数', u'最大值', u'最小值'] # 表头重命名
view.to_excel(resultfile) # 导出结果
```

5.6.3　数据处理

通过数据探索分析找到了缺失数据和异常数据，接下来将这些冗余的数据清理掉，从而提高数据质量和数据分析的准确性。数据处理一般包括：数据清理、数据集成、数据转换、数据规约等。

对于淘宝电商的数据我们主要进行了数据规约、数据清理和数据转换工作。

数据处理

1. 数据规约

数据规约是指在接近或保持原始数据完整性的同时将数据集规模减小，以提高数据处理的速度。例如，在淘宝电商历史数据中，包含了每个销售订单的详细数据，上千条记录。其中包含了买家会员名、买家实际支付积分、买家实际支付金额、买家应付货款、买家应付邮费、买家支付宝账号、买家支付积分、卖家服务费、买家留言等 58 列。那么，这里不是所有列都是我们分析的对象，所以要将没用的列排除掉，仅选取有用的列，即与淘宝电商客户价值 RFM 模型有关的列（订单付款时间、买家会员名、买家实际支付金额和数据采集时间），代码如下：

```
aa =r'TB201812.xls'
df = pd.DataFrame(pd.read_excel(aa))
```

```
df1=df[['订单付款时间','买家会员名','买家实际支付金额','数据采集时间']]
```

2. 数据清洗

通过数据探索分析，发现淘宝电商历史数据中存在一些缺失值，例如，"订单付款日期"为空、"买家实际支付金额"最小值为0，下面将这部分数据清理掉，关键代码如下：

```
# 去除空值，订单付款时间非空值才保留
# 去除买家实际支付金额为0的记录
df1=df1[df1['订单付款时间'].notnull() & df1['买家实际支付金额'] !=0]
```

完整程序代码如下（data_clean.py）：

```
import pandas as pd
import numpy as np
aa =r'TB201812.xls'
resultfile=r'data.xls'
df = pd.DataFrame(pd.read_excel(aa))
df1=df[['订单付款时间','买家会员名','买家实际支付金额','数据采集时间']]
# 去除空值，订单付款时间非空值才保留
# 去除买家实际支付金额为0的记录
df1=df1[df1['订单付款时间'].notnull() & df1['买家实际支付金额'] !=0]
# R:最近消费时间距数据采集时间的间隔
# 利用to_datetime()转换为时间格式: 'yyyy-MM-dd HH:mm:ss'
df1['R'] = (pd.to_datetime(df1['数据采集时间']) - pd.to_datetime(df1['订单付款时间'])).values/np.timedelta64(1, 'D')
df1=df1[['订单付款时间','买家会员名','买家实际支付金额','R']]
df2=df1.groupby('买家会员名').agg({'R': 'min','买家实际支付金额':'mean'})
# F:消费频次，客户一定时间内的购买次数
df2['F']=df1.groupby(["买家会员名"])['买家会员名'].size()
df2.to_excel(resultfile) # 导出结果
```

3. 数据转换

数据转换是将数据转换成"适当的"格式，以适应数据分析和数据挖掘算法的需要。下面对清理后的数据进行标准化处理，代码如下（data_transform.py）：

```
import pandas as pd
# 标准化处理
datafile = r'data.xls' # 需要进行标准化的数据文件
transformfile = r'transformdata.xls' # 标准化后的数据存储路径文件
data = pd.read_excel(datafile)
data=data[['R','F','买家实际支付金额']]
data = (data - data.mean(axis = 0))/(data.std(axis = 0)) # 简洁的语句实现了标准化变换，类似
地可以实现任何想要的变换
data.columns=['R','F','M'] # 表头重命名
data.to_excel(transformfile, index = False) # 数据写入
```

5.6.4　客户聚类

客户聚类主要是使用Python第三方模块sklearn模块中提供的k-means聚类方法对客户数据进行分类，其中的某一类客户如图5-12所示。

程序代码如下（data_kmeans.py）：

客户聚类

```
# -*- coding: utf-8 -*-
import pandas as pd
import numpy as np
from pandas import to_datetime
```

```
# 引入sklearn框架，导入k-means聚类算法
from sklearn.cluster import KMeans
import matplotlib.pyplot as plt
# from sklearn.manifold import
inputfile = r'transformdata.xls'    # 待聚类的数据文件
outputfile=r'data_type.xls'
# 读取数据并进行聚类分析
data = pd.read_excel(inputfile)     # 读取数据
# 利用k-Means聚类算法对客户数据进行客户分群，聚成4类
k = 4                               # 需要进行的聚类类别数
iteration=500
kmodel = KMeans(n_clusters = k,max_iter=iteration)
kmodel.fit(data)                    # 训练模型
r1=pd.Series(kmodel.labels_).value_counts()
r2=pd.DataFrame(kmodel.cluster_centers_)
r=pd.concat([r2,r1],axis=1)
r.columns=list(data.columns)+[u'聚类数量']
r3 = pd.Series(kmodel.labels_,index=data.index)
r = pd.concat([data,r3], axis=1)
r.columns = list(data.columns)+[u'聚类类别']
r.to_excel(outputfile)
kmodel.cluster_centers_
kmodel.labels_
# 绘制客户类别图表
plt.rcParams['font.sans-serif']=['SimHei']
plt.rcParams['axes.unicode_minus']=False
for i in range(k):
  cls=data[r[u'聚类类别']==i]
  cls.plot(kind='kde',linewidth=2,subplots=True,sharex=False)
  plt.suptitle('客户群=%d;聚类数量=%d' %(i,r1[i]))
plt.legend()
plt.show()
```

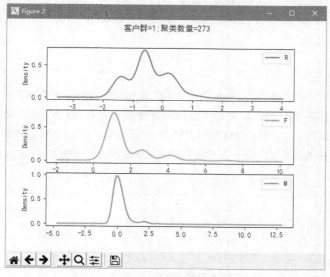

图 5-12　客户聚类

5.6.5 客户价值分析

客户价值分析

客户价值分析主要由两部分构成，第一部分根据淘宝店商客户 3 个指标的数据，对客户进行聚类，也就是将不同价值客户分类。第二部分结合业务对每个客户群进行特征分析，分析其客户价值，并对客户群进行排名。

通过前面的程序，得出了分析结果，画出了聚类图，观察 4 类客户，可以知道客户群 0 是一般发展客户、客户群 1 是一般保持客户、客户群 2 是潜在客户、客户群 3 是重要保持客户，效果如表 5-1 所示。

表 5-1　客户价值分析表

R		F		M		聚类类别	客户类别	客户数	排名
高	⬆	低	⬇	低	⬇	0	一般发展客户	755 人	4
高	⬆	高	⬆	低	⬇	1	一般保持客户	273 人	2
低	⬇	低	⬇	低	⬇	2	潜在客户	560 人	3
低	⬇	高	⬆	高	⬆	3	重要保持客户	2 人	1

那么客户分类的依据是什么呢？

（1）重要保持客户：F、M 高，R 低。他们是淘宝电商的高价值客户，是最为理想型的客户类型，他们对企业品牌认可，对产品认可，贡献值最大，所占比例却较小。淘宝电商可以对他们作为 VIP 客户进行一对一营销，以提高这类客户的忠诚度和满意度，尽可能延长这类客户的高水平消费。

（2）一般保持客户：F 高，这类客户消费次数多，是忠实的客户。针对这类客户应多传递促销活动、品牌信息、新品信息等。

（3）潜在客户：R、F 和 M 低，这类客户短时间内在店铺消费过，消费次数和消费金额较少，是潜在客户。虽然这类客户的当前价值并不是很高，但却有很大的发展潜力。针对这类客户应进行密集的营销信息推送，增加其在店铺的消费次数和消费金额。

（4）一般发展客户：低价值客户，R 高，F、M 低，说明这类客户很长时间没有在店铺交易了，而且消费次数和消费金额也较少。这类客户可能只会在店铺打折促销活动时才会消费，要想办法激活，否则会有流失的危险。

小 结

本章主要介绍了 RFM 模型和 k-means 聚类算法的相关内容。首先介绍了 RFM 模型的相关概念，然后通过一些算法计算出 RFM 各项指标，最后根据均值对数据分类，主要使用 sklearn 模块中的 k-means 聚类算法，用该算法最终实现了按客户价值分类。k-means 聚类算法还有很多应用，例如通过监控老客户的活跃度，做一个 VIP 客户流失预警系统。一般而言，距上次购买时间越远，流失的可能性越大。

习 题

5-1　什么是 RFM 模型，其中的 R、F 和 M 分别代表什么？

5-2　将客户分成 5 类，在代码中改写哪个值？

第6章

销售收入分析与预测

本章要点

- 什么是线性回归
- 最小二乘法
- 线性回归模型
- 数据处理
- 日期数据统计
- 销售收入分析与预测

背景和系统设计

6.1 背景

随着电商行业的激烈竞争，电商平台推出了各种数字营销方案，付费广告也是花样繁多。那么电商投入这些广告后，究竟能给企业增加多少销售收入？对销售收入的影响究竟有多大？是否达到了企业预期效果？针对这类问题企业将如何处理，而不是凭直觉妄加猜测呢？

例如，M 电商已投入了几个月的广告费，收益还不错，本月打算多投入一些，那么老板让你估算下多投入些广告费能给企业带来多少收益，你该怎么办？

为此，我们用 Python 结合数据分析方法对 M 电商的销售收入做了一个简单的分析与预测，首先探索以往广告费和销售收入的关系，然后通过下月预支广告费预测下月销售收入。

6.2 系统设计

6.2.1 系统功能结构

销售收入分析与预测首先分别获取销售数据和广告费用数据，然后进行数据清洗、按月统计销售金额和广告费支出金额，最后分析销售收入预测下月销售收入，功能结构如图 6-1 所示。

图 6-1 系统功能结构

6.2.2 系统业务流程

用 Python 实现销售收入分析与预测业务流程，如图 6-2 所示。

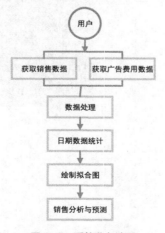

图 6-2 系统业务流程

6.2.3 系统预览

销售收入分析与预测主要使用了线性回归的分析方法进行分析与预测，效果如图 6-3 和图 6-4 所示。

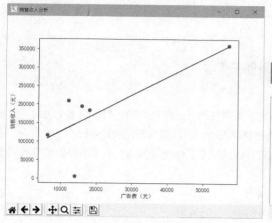

图 6-3　线性拟合图

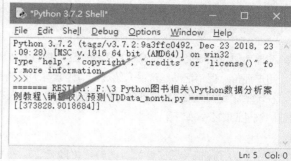

图 6-4　销售收入预测结果

6.3　系统开发必备

系统开发必备

6.3.1　开发环境及工具

- ❑ 操作系统：Windows 7、Windows 10。
- ❑ 开发工具：Python 3.7。
- ❑ 第三方模块：pandas、Numpy、Matplotlib、sklearn。

6.3.2　项目文件结构

销售收入分析与预测项目文件夹组织结构主要分为数据文件夹 data（.xls）和 Python 程序文件（.py），具体结构如图 6-5 所示。

图 6-5　项目文件结构

6.4　分析方法

分析方法

对于 M 电商销售收入分析与预测主要使用线性回归分析方法。线性回归是利用数理统计中的回归分析，来确定两种或两种以上变量间相互依赖的定量关系的一种统计分析方法，运用十分广泛。

6.4.1　线性回归

要对样本点进行线性拟合，求得使预测尽可能准确的函数，这个过程就是线性回归。线性回归是对一个或多个自变量和因变量之前的关系进行建模的一种回归分析方法，它包括一元线性回归和多元线性回归。

一元线性回归：当只有一个自变量和一个因变量，且二者的关系可用一条直线近似表示，称为一元线性回归。（研究因变量 Y 和一个自变量 X 之间的关系）

多元线性回归：当自变量有两个或多个时，研究因变量 Y 和多个自变量 $1X$，$2X$，…，nX 之间的关系，则称为多元线性回归。

 被预测的变量叫作因变量，被用来进行预测的变量叫作自变量。

简单地说，当研究一个因素（广告费）影响销售收入时，可以使用一元线性回归；当研究多个因素（广告费、用户评价、促销活动、产品介绍、季节因素等）影响销售收入时，可以使用多元线性回归。

在本章中我们假设 M 电商每月的广告费和销售收入存在线性关系，使用线性回归公式求得销售收入的预测值。线性回归公式如下：

$$y = bx + k$$

其中 y 为预测值（因变量），x 为特征（自变量），b 为斜率，k 为截距。

6.4.2 最小二乘法

线性回归是数据挖掘中的基础算法之一，线性回归的思想其实就是解一组方程，得到回归函数，不过在出现误差项之后，方程的解法就存在了改变，一般使用最小二乘法进行计算，所谓"二乘"就是平方的意思，最小二乘法也称最小平方和，其目的是通过最小化误差的平方和，使得预测值与真值无限接近。

上一节我们了解了线性回归公式，下面使用最小二乘法求得线性回归公式中的斜率 b 和截距 k，公式如下：

$$b = \frac{\sum_{i=1}^{n}(x_i - \overline{x})(y_i - \overline{y})}{\sum_{i=1}^{n}(x_i - \overline{x})^2} = \frac{\sum_{i=1}^{n}x_i y_i - n\overline{x}\overline{y}}{\sum_{i=1}^{n}x_i^2 - n\overline{x}^2}$$

$$k = \overline{y} - b\overline{x}$$

例如，M 电商每月的广告费和销售收入如图 6-6 所示，广告费为 x，销售收入为 y。

	1月	2月	3月	4月	5月	6月
广告费	13985.51	6265.78	12116.45	15832.77	18064.53	57013.59
销售收入	5641.4	116830	209818.4	194799.9	184986.7	360338.7

图 6-6 M 电商每月的广告费和销售收入

根据上面的最小二乘法公式对广告费和销售收入进行线性拟合，首先计算出 x 和 y 各项的值，如图 6-7 所示。

n	x	y	xy	x^2
1	13985.51	5641.4	78897856.11	195594490
2	6265.78	116830	732031077.4	39259999.01
3	12116.45	209818.38	2542253910	146808360.6
4	15832.77	194799.94	3084222646	250676605.9
5	18064.53	184986.74	3341698514	326327244.1
6	57013.59	360338.7	20544202903	3250549445
平均值	20546.43833	178735.86	5053884485	701536024

图 6-7 最小二乘法计算 x 和 y 各项的值

通过散点图看下广告费和销售收入数据具体分布情况，如图6-8所示。

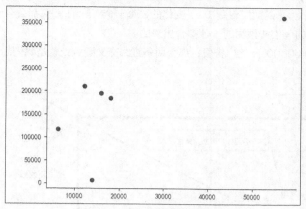

图6-8　广告费和销售收入散点图

接下来根据最小二乘法公式计算出斜率 b 和截距 k。

$$b = \frac{5053884485 - 20546.43833 \times 178735.86}{701536024 - 20546.43833 \times 20546.43833}$$

$$b = \frac{1381499159.08204}{279380238.256}$$

$$b = 4.944876777$$

$$k = 178735.859999999 - 4.944876777 \times 20546.43833 = 77136.25423$$

最后得出当前线性函数为：

$$y = 4.944876777x + 77136.393496$$

由此，计算出每个节点的 y 预测值，得出拟合线也就是回归线，如图6-9所示。

$$y1 = 4.944876777 \times 13985.51 + 77136.25423 = 146292.8778$$
$$y2 = 4.944876777 \times 6265.78 + 77136.25423 = 108119.7642$$
$$y3 = 4.944876777 \times 12116.45 + 77136.25423 = 137050.6065$$
$$y4 = 4.944876777 \times 15832.77 + 77136.25423 = 155427.3509$$
$$y5 = 4.944876777 \times 18064.53 + 77136.25423 = 166463.1291$$
$$y6 = 4.944876777 \times 57013.59 + 77136.25423 = 359061.4314$$

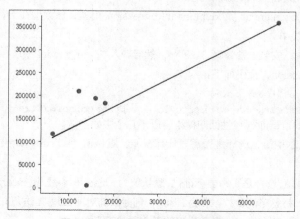

图6-9　广告费和销售收入线性拟合图

通过此图可以直观地了解广告费和销售收入的关系。图中圆点是每月实际产生的广告费（x）和销售收入（y），可以看出销售收入（y）是随广告费（x）变化的，每一个实际的 x 值都会有一个实际的 y 值；再看图中的直线，它是根据实际的 x 值和预测的 y 值拟合出来的。

假设，下月预计支出 60000 元的广告费，那么两条直线交叉圆点处就是我们想要的预测点（即预测的销售收入），如图 6-10 所示。

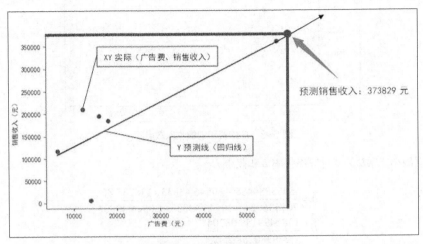

图 6-10　标记预测销售收入

对于最小二乘法就介绍到这里，需要进一步了解的读者可自行查阅相关资料。本章重点介绍如何使用 Python 提供的第三方模块 sklearn 中的线性回归模型 linear_model.LinearRegression 实现线性回归，从而实现 M 电商销售收入的分析与预测。

6.5　线性回归模型

上一节简单地了解了线性回归，一堆堆术语、解释、公式让人看起来头痛，不过不用担心在 Python 第三方模块 sklearn 模块中已经为我们设计好了线性回归模型（sklearn.linear_model.LinearRegression 模型），在程序中直接调用即可，无须编写过多代码就可以轻松实现简单的线性回归，从而实现销售收入的分析与预测。

线性回归模型

下面介绍如何使用 sklearn.linear_model.LinearRegression 模型，该模型在 Python 第三方模块 sklearn 模块下的 linear_model 模块中。

首先安装 sklearn 模块，安装方法参考 5.3.2 节，然后导入 linear_model 模块，之后再创建线性回归模型 linear_model.LinearRegression，代码如下：

```
from sklearn import linear_model
reg=linear_model.LinearRegression(fit_intercept=True,normalize=True)
```

linear_model.LinearRegression 线性回归模型有以下几个主要参数。

❑ fit_intercept：布尔型值，选择是否需要计算截距，默认值为 True，如果中心化了的数据可以选择 False。

❑ normalize：布尔型值，选择是否需要标准化，默认值为 False，和参数 fit_intercept 有关，当 fit_intercept 设置为 False 时，将忽略该参数。若为 True，则回归前对回归量 X 进行归一化处理，取均值相减，再除以 L2 范数（L2 范数是指向量各元素的平方和然后开方）。

❑ copy_x：布尔型值，选择是否复制 *X* 数据，默认值为 True，如果为 False，覆盖 *X* 数据。

❑ n_job：整型，代表 CPU 工作效率的核数，默认值为 1，-1 表示跟 CPU 核数一致。

有以下几个主要属性。

❑ coef_：数组或形状，表示线性回归分析的回归系数。（斜率 $w1, w2, w3, ..., wn$）

❑ intercept_：数组，表示截距。

有以下几个主要方法。

❑ fit(X, y, sample_weight=None)：拟合线性模型。

❑ predict(X)：使用线性模型进行预测。

❑ score(X, y, sample_weight=None)：返回预测的确定系数 R^2。

了解了线性回归模型 linear_model.LinearRegression 后，接下来就可以在程序中使用它了。

6.6 Excel 日期数据处理

Excel 日期数据处理

销售收入分析与预测目标是分析前半年 1 月份至 6 月份的销售收入和广告支出情况，从中找到规律，然后预测 7 月份销售收入。

M 电商大量的历史数据保存在 Excel 表中，这种情况下需要先对数据进行处理，例如按月统计销售收入和广告支出，这一使命将交给 pandas 模块来完成。前面章节已经对 pandas 进行了介绍，这节将重点介绍 pandas 在日期数据处理上的独到之处。

下面从按日期筛选数据、按日期显示数据、按日期统计数据等几方面进行介绍，均以例子的形式展开介绍，以便于更好地应用。

6.6.1 按日期筛选数据

实现按日期筛选数据，在 DataFrame 对象中指定日期或日期区间即可。

❑ 按年度获取数据

首先导入 pandas 模块，其次设置索引，最后获取 2018 年的数据，代码如下：

```
import pandas as pd
aa =r'TB2018.xls'
df = pd.DataFrame(pd.read_excel(aa))
df1=df[['订单付款时间','买家会员名','联系手机','买家实际支付金额']]
df1 = df1.set_index('订单付款时间')  # 将date设置为index
print(df1['2018'])    # 获取2018年的数据
```

说明：后面的举例将直接使用 df1，df1 表示 DataFrame 对象。

❑ 获取 2017 年至 2018 年的数据

```
print(df1['2017':'2018'])  # 获取2017年至2018年的数据
```

❑ 获取某月的数据

```
print(df1['2018-11']) # 获取某月的数据
```

❑ 获取具体某天的数据

```
print(df1['2018-11-06':'2018-11-06'])
```

❑ 获取某个区间的数据

```
print(df1['2018-11-01':'2018-11-15'])
```

6.6.2 按日期显示数据

按日期显示数据，主要使用 to_period() 方法，按月、季度和年显示数据，而不统计数据。

❑　按月显示数据

```
df2 = df1.to_period('M')
```

❑　按季度显示数据

```
df2= df1.to_period('Q')
```

❑　按年度显示数据

```
df2= df1.to_period('A')
```

这里一定要将日期设置为索引，否则会提示错误。

6.6.3　按日期统计数据

1.　按日期统计数据

❑　按周统计数据

```
df1.resample('w').sum()
```

❑　按月统计数据

```
df1.resample('m').sum()
```

"MS" 是每个月第一天为开始日期，"M" 是每个月最后一天。

❑　按季度统计数据

```
df1.resample('Q').sum()
```

"QS" 是每个季度第一天为开始日期，"Q" 是每个季度最后一天。

❑　按年统计数据

```
df1.resample('AS').sum()
```

"AS" 是每年第一天为开始日期，"A" 是每年最后一天。

2.　按日期统计并显示数据

前面介绍了按日期显示数据和统计数据，两个方法结合就可以实现日期数据的统计并显示。例如，按年统计并显示，语句如下：

```
df1.resample('AS').sum().to_period('A')
```
按季度统计并显示：
```
df1.resample('Q').sum().to_period('Q')
```
按月度统计并显示：
```
df1.resample('M').sum().to_period('M')
```

6.7　分析与预测

前面了解一些与销售收入分析与预测有关的数据分析和数据处理的知识，下面进入

分析与预测

正题，用 Python 编写程序实现 M 电商销售收入分析与预测。首先分析上半年的销售收入与广告支出，然后预测 7 月份的销售收入。

6.7.1　数据处理

M 电商存在两大块历史数据分别存放在两个 Excel 表中，一是销售收入数据，一是广告支出数据。在分析预测前，首先要对这些数据进行数据规约处理，提取与数据分析相关的数据。

销售收入分析只需要"业务日期"和"金额"，广告支出分析只需要"投放日期"和"支出"，相关代码如下：

```
aa =r'JDdata.xls'
bb=r'JDcar.xls'
dfaa = pd.DataFrame(pd.read_excel(aa))
dfbb=pd.DataFrame(pd.read_excel(bb))
df1=dfaa[['业务日期','金额']]
df2=dfbb[['投放日期','支出']]
```

6.7.2　日期数据统计并显示

为了便于分析数据，需要按月统计 Excel 表中的销售收入和广告支出，这里主要使用 pandas.DataFrame.resample()，首先将 Excel 表中的日期列转换为 datetime，然后设置为索引，最后使用 resample() 和 to_period() 方法实现日期数据的统计并显示，效果如图 6-11 和图 6-12 所示。

业务日期	金额
2018-01-01 00:00:00	5641.4
2018-02-01 00:00:00	116830
2018-03-01 00:00:00	209818.38
2018-04-01 00:00:00	194799.94
2018-05-01 00:00:00	184986.74
2018-06-01 00:00:00	360338.74

图 6-11　按月统计销售收入

投放日期	支出
2018-01-01 00:00:00	13985.51
2018-02-01 00:00:00	6265.78
2018-03-01 00:00:00	12116.45
2018-04-01 00:00:00	15832.77
2018-05-01 00:00:00	18064.53
2018-06-01 00:00:00	57013.59

图 6-12　按月统计广告费用

代码如下：

```
df1['业务日期']=pd.to_datetime(df1['业务日期'])
df2['投放日期']=pd.to_datetime(df2['投放日期'])
dfData=df1.set_index('业务日期',drop=True)
dfCar=df2.set_index('投放日期',drop=True)
```

最后，使用 resample() 函数按月汇总数据，代码如下：

```
# 按月度统计并显示销售金额
dfData_month=dfData.resample('M').sum().to_period('M')
# 按月度统计并显示广告支出金额
dfCar_month=dfCar.resample('M').sum().to_period('M')
```

6.7.3　根据历史销售数据绘制拟合图

首先创建一个线性回归模型 linear_model.LinearRegression，然后使用 fit() 方法拟合线性模型，得到斜率（回归系数）和截距，最后使用 predict() 方法预测 Y 值。绘制拟合图的效果如图 6-13 所示。

相关代码如下：

```
clf=linear_model.LinearRegression(fit_intercept=True,normalize=False)
# x为广告费用，y为销售收入
```

```
x=pd.DataFrame(dfCar_month['支出'])
y=pd.DataFrame(dfData_month['金额'])
clf.fit(x,y)  # 拟合线性模型
k=clf.coef_  # 获取回归系数（斜率w1,w2,w3,...,wn）
b=clf.intercept_  # 获取截距w0
# 使用线性模型进行预测y值
y_pred =clf.predict(x)
# 绘制拟合图
# 图表字体为华文细黑，字号为10
plt.rc('font', family='SimHei', size=10)
plt.figure("销售收入分析")
plt.scatter(x, y, color='red') # 真实值散点图
plt.plot(x,y_pred, color='blue', linewidth=1.5) # 预测回归线
plt.ylabel(u'销售收入（元）')
plt.xlabel(u'广告费（元）')
plt.show()
```

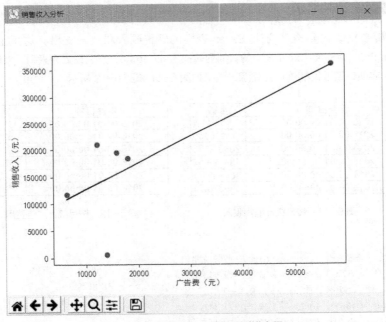

图 6-13　销售收入分析与预测拟合图

6.7.4　预测销售收入

首先来看一个公式：

$$Y = X \times 斜率 + 截距$$

其中 Y 为预测值，X 是已知的 7 月份要投入的广告费，截距和斜率（回归系数）是通过线性模型 linear_model.LinearRegression 计算得出来的，相关代码如下：

```
clf=linear_model.LinearRegression(fit_intercept=True,normalize=False)
k=clf.coef_ # 获取回归系数（斜率w1,w2,w3,...,wn）
b=clf.intercept_ # 获取截距w0
```

如果 7 月份投入 60000 元广告费，那么 7 月份销售收入是多少呢？小伙伴们心中是否有了答案？

相关代码如下：

```
# 7月预计投入60000元广告费（x0）
x0=60000
# 预测7月销售收入（y0），y0=截距+X值*斜率
y0=b+x0*k
print(y0)
预测结果：7月份预计销售收入为：373829元
```

至此，简单的线性回归就介绍到这里，更多的数据分析与预测方法还有待于您慢慢探索和研究。

小 结

　　通过本章知识回顾了一下高中所学的数学知识——线性回归和最小二乘法，重点应掌握回归分析的应用领域和如何使用 Python 第三方模块 sklearn 提供的线性回归模型 linear_model. LinearRegression，并通过该模型实现简单的数据分析与预测，另外 pandas 对数据分析前期的数据处理技术也是重点需要掌握的，而对日期数据进行处理尤为重要。

习 题

　　6-1　按季度统计销售收入。

　　6-2　统计 2018 年 1 月 1 日至 2018 年 5 月 1 日的广告费用支出情况。

　　6-3　假如 7 月份投入 7.8 万元广告费，请预测 7 月份的销售收入。

第7章

二手房数据分析预测系统

本章要点

■ 使用PyQt5搭建应用窗体
■ 数据的分析
■ 可视化图表

■ 随着现代科技的不断进步，信息化将是科技发展中的重要元素之一，而人们每天都要面对海量的数据，如医疗数据、人口数据、人均收入等，因此数据分析将会得到广泛应用。数据分析在实际应用时可以帮助人们在海量数据中找到具有决策意义的重要信息。

■ 本章将通过数据分析技术实现"二手房数据分析预测系统"，用于对二手房数据进行分析、统计，并根据数据中的重要特征实现房子价格的预测，最后通过可视化图表的方式进行数据的显示功能。

7.1 需求分析

二手房数据分析预测系统可以将二手房数据文件中的内容进行分析与统计，然后通过图表方式显示分析与统计后的结果。该系统将具备以下功能。

- ❑ 某城市各区二手房均价分析。
- ❑ 某城市各区二手房数量所占比例。
- ❑ 全市二手房装修程度分析。
- ❑ 热门户型均价分析。
- ❑ 二手房售价预测。

7.2 系统设计

7.2.1 系统功能结构

二手房数据分析预测系统的功能结构主要分为三类：确认数据来源、实现数据分析以及绘制图表。详细的功能结构如图 7-1 所示。

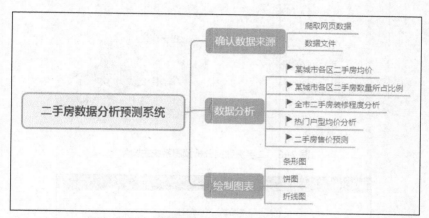

图 7-1 系统功能结构

7.2.2 系统业务流程

在开发二手房数据分析预测系统时，需要先思考该程序的业务流程。根据需求分析与功能结构，设计出图 7-2 所示的系统业务流程图。

7.2.3 系统预览

在二手房数据分析预测系统中，查看二手房各种数据分析图表时，需要在主窗体当中选择对应的图表信息，主窗体运行效果如图 7-3 所示。

在主窗体顶部功能按钮中单击"各区二手房均价分析"按钮，将显示图 7-4 所示的各区二手房均价分析图。

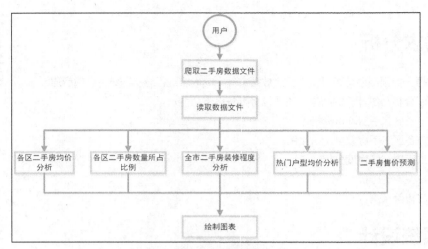

图 7-2 系统业务流程

图 7-3 二手房数据分析预测系统主窗体

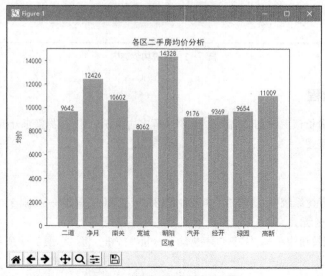

图 7-4 各区二手房均价分析图

如果需要了解该城市中哪个区的二手房销售的数量最多时，可以在主窗体顶部功能按钮中单击"各区二手房数量所占比例"按钮，将显示图 7-5 所示的各区二手房数量所占比例图。

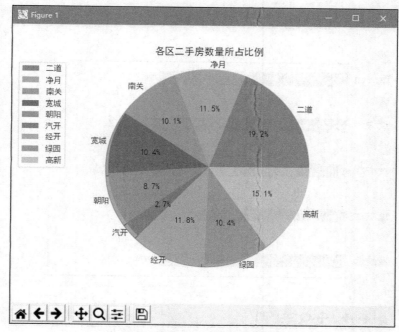

图 7-5　各区二手房数量所占比例

经过分析，二手房数据中房子的装修程度也是购买者所关心的一个重要元素，当在主窗体顶部功能按钮中单击"全市二手房装修程度分析"按钮，将显示图 7-6 所示的全市二手房装修程度分析图。

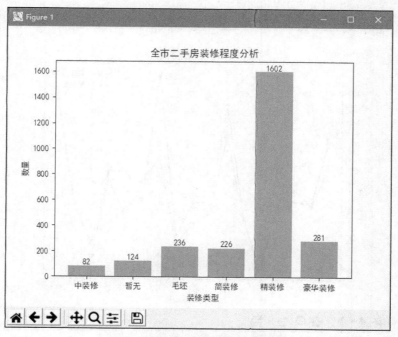

图 7-6　全市二手房装修程度分析图

二手房中户型类别很多，如果需要查看所有二手房户型中比较热门的户型均价时，在主窗体顶部功能按钮中单击"热门户型均价分析"按钮，将显示图 7-7 所示的热门户型均价分析图。

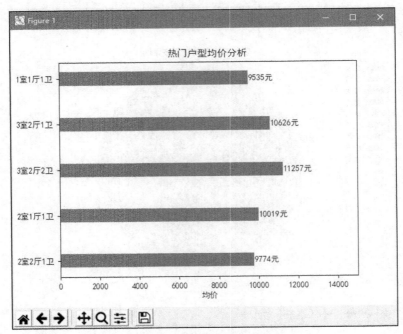

图 7-7　热门户型均价分析图

进行二手房数据分析时，根据分析后的特征数据，再通过回归算法的函数预测二手房的售价。在主窗体顶部功能按钮中单击"二手房售价预测"按钮，将显示图 7-8 所示的二手房售价预测折线图。

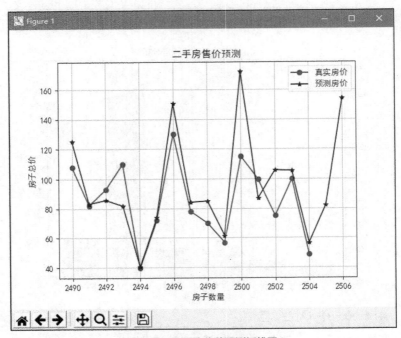

图 7-8　二手房售价预测折线图

7.3 系统开发必备

系统开发必备

7.3.1 开发环境及工具

- ❑ 操作系统：Windows 7、Windows 8、Windows 10。
- ❑ 开发工具：PyCharm。
- ❑ Python 内置模块：sys。
- ❑ 第三方模块：PyQt5、pyqt5-tools、Matplotlib、sklearn、pandas。

7.3.2 文件夹组织结构

二手房数据分析预测系统的文件夹组织结构主要分为 img_resources（保存图片资源）和 ui（保存窗体 ui 文件），详细结构如图 7-9 所示。

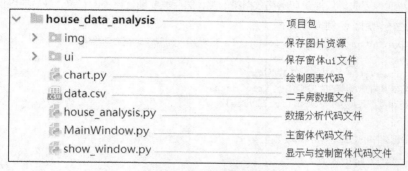

图 7-9 项目文件结构

7.4 技术准备

sklearn 库概述

7.4.1 sklearn 库概述

scikit learn，简称 sklearn 是机器学习领域中最知名的 Python 模块之一，该模块中整合了多种机器学习算法，可以帮助使用者在数据分析的过程中快速建立模型。在 Python 中导入该模块时需要使用 sklearn 这个简称，sklearn 模块可以实现数据的预处理、分类、回归、PCA 降维、模型选择等工作。

7.4.2 加载 datasets 子模块中的数据集

sklearn 模块的 datasets 子模块提供了多种自带的数据集，可以通过这些数据集进行数据的预处理、建模等操作，从而练习使用 sklearn 模块实现数据分析的处理流程和建模流程。datasets 子模块主要提供了一些导入、在线下载及本地生成数据集的方法，比较常用的有以下三种。

加载 datasets 子
模块中的数据集

- ❑ 本地加载数据：sklearn.datasets.load_<name>。
- ❑ 远程加载数据：sklearn.datasets.fetch_<name>。
- ❑ 构造数据集：sklearn.datasets.make_<name>。

本地加载数据对于 sklearn 模块的使用者来说是一个比较方便的数据集，本地数据集中比较常用的加载函数及对应解释如表 7-1 所示。

表 7-1　本地数据集加载函数及对应解释

加载数据函数	数据集名称	应用任务类型
datasets.load_iris()	鸢尾花数据集	用于分类、聚类任务的数据集
datasets.load_breast_cancer()	乳腺癌数据集	用于分类、聚类任务的数据集
datasets.load_digits()	手写数字数据集	用于分类任务的数据集
datasets.load_diabetes()	糖尿病数据集	用于分类任务的数据集
datasets.load_boston()	波士顿房价数据集	用于回归任务的数据集
datasets.load_linnerud()	体能训练数据集	用于多变量回归任务的数据集

鸢尾花数据集是记录三种不同鸢尾花，然后又分别记录了每种鸢尾花的萼片与花瓣的长度和宽度信息。在加载鸢尾花数据集时需要先导入加载鸢尾花数据集的类，然后需要创建该类的对象，最后通过创建对象时所使用的变量进行属性的调用。示例代码如下：

```
from sklearn.datasets import load_iris    # 导入加载鸢尾花数据集的类

iris=load_iris()  # 加载鸢尾花数据集
print('查看鸢尾花数据集中的数据: ',iris.data)
print('鸢尾花数据长度为: ',len(iris.data))
```

运行结果如下：

```
查看鸢尾花数据集中的数据: [[5.1 3.5 1.4 0.2]
 [4.9 3.  1.4 0.2]
 [4.7 3.2 1.3 0.2]
 [4.6 3.1 1.5 0.2]
 ................
 [6.5 3.  5.2 2. ]
 [6.2 3.4 5.4 2.3]
 [5.9 3.  5.1 1.8]]
鸢尾花数据长度为: 150
```

 说明　在以上的运行结果中可以看出，数据集中的数据为四个元素的列表，四个元素分别对应的是鸢尾花萼片和花瓣的长度与宽度，一共有 150 条这样的数据。

查询鸢尾花的种类时，需要通过 iris 变量调用 target 属性。示例代码如下：

```
from sklearn.datasets import load_iris    # 导入加载鸢尾花数据集的类

iris=load_iris()  # 加载鸢尾花数据集
print('鸢尾花的种类为: ',iris.target)
```

运行结果如下：

```
鸢尾花的种类为: [0 0 0 0 0 0 0 0 0 0 0 0 0 0 0 0 0 0 0 0 0 0 0 0 0 0 0 0 0 0 0 0 0 0 0 0 0
 0 0 0 0 0 0 0 0 0 0 0 0 0 1 1 1 1 1 1 1 1 1 1 1 1 1 1 1 1 1 1 1 1 1 1 1 1 1
 1 1 1 1 1 1 1 1 1 1 1 1 1 1 1 1 1 1 1 1 1 1 1 1 1 2 2 2 2 2 2 2 2 2 2 2 2 2
 2 2 2 2 2 2 2 2 2 2 2 2 2 2 2 2 2 2 2 2 2 2 2 2 2 2 2 2 2 2 2 2 2 2 2 2 2 2
 2 2]
```

在以上的运行结果中可以看出，150 个数值中共有三种取值（0、1 和 2），分别代表鸢尾花的三个不同的种类。获取鸢尾花种类名称时可以使用 iris.target_names 属性进行查看。

为了更加方便地查看鸢尾花数据集，可以使用 Matplotlib 模块进行可视化的图形绘制，用三种不同的颜色分别表示鸢尾花三种不同的种类，这里通过散点图进行示例，其中 x 轴表示萼片的长度，y 轴表示萼片的宽度。示例代码如下：

```
from sklearn.datasets import load_iris
# 加载数据集
iris=load_iris()
import matplotlib  # 导入图表模块
import matplotlib.pyplot as plt # 导入绘图模块
# 避免中文乱码
matplotlib.rcParams['font.sans-serif'] = ['SimHei']
matplotlib.rcParams['axes.unicode_minus'] = False
# 画散点图，其中x轴表示萼片的长度，y轴表示萼片的宽度
x_index=0
y_index=1
colors=['red','green','blue']
# 遍历名字与颜色，根据循环遍历的下标获取鸢尾花种类与对应的萼片信息
for label,color in zip(range(len(iris.target_names)),colors):
    plt.scatter(iris.data[iris.target==label,x_index],
                iris.data[iris.target==label,y_index],
                label=iris.target_names[label],
                c=color)
plt.xlabel('萼片长度')
plt.ylabel('萼片宽度')
plt.legend()  # 显示图例
plt.show()    # 显示绘制的散点图表
```

运行结果如图 7-10 所示。

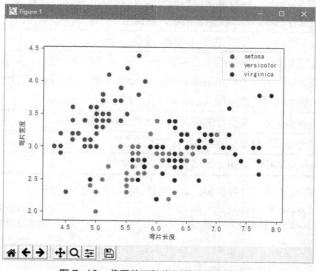

图 7-10　鸢尾花三种类型萼片信息散点图

7.4.3　支持向量回归函数

支持向量回归函数

LinearSVR() 函数是一个支持向量回归的函数，支持向量回归不仅适用于线性模型，还可以用于对数据和特征之间的非线性关系。支持向量回归可以避免多重共线性问题，从而提高泛化性能，解决高维问题。

LinearSVR() 函数的语法格式如下：

```
class sklearn.svm.LinearSVR(epsilon = 0.0,tol = 0.0001,C = 1.0,loss ='epsilon_insensitive',
fit_intercept = True, intercept_scaling = 1.0, dual = True, verbose = 0, random_state = None,
max_iter = 1000 )
```

LinearSVR() 函数常用参数及说明如表 7-2 所示。

表 7-2　LinearSVR() 函数常用参数及说明

参数名称	说明
epsilon	符点类型值，loss 参数中的 ε，默认值为 0.1
tol	符点类型值，终止迭代的标准值，默认值为 0.0001
C	符点类型值，罚项参数，该参数越大，使用的正则化越少，默认为 1.0
loss	字符串类型值，损失函数，该参数有两种选项。 （1）epsilon_insensitive：损失函数为 Lε（标准 SVR）。 （2）squared_epsilon_insensitive：损失函数为 L_ε^2。 默认值为 epsilon_insensitive
fit_intercept	布尔类型值，是否计算此模型的截距。如果设置为 False，则不会在计算中使用截距（即数据预计已经居中）。默认为 True
intercept_scaling	符点类型值，当 fit_intercept 为 True 时，实例向量 x 变为[x, self.intercept_scaling]。此时相当于添加了一个特征，该特征将对所有实例都是常数值。 （1）此时截距变成 intercept_scaling × 特征的权重 wε。 （2）此时该特征值也参与了罚项的计算
dual	布尔类型值，选择算法以解决对偶或原始优化问题。设置为 True 时解决对偶问题，设置为 False 时解决原始问题，默认为 True
verbose	布尔类型值，是否开启 verbose 输出，默认为 True
random_state	整数类型值，随机数生成器的种子，在混洗数据时使用。如果是整数，则是随机数生成器使用的种子；如果是 RandomState 实例，则是随机数生成器；如果为 None，随机数生成器所使用的 RandomState 实例为 np.random
max_iter	整数类型值，要运行的最大迭代次数。默认为 1000
coef_	赋予特征的权重，返回 array 数据类型
intercept_	决策函数中的常量，返回 array 数据类型

下面通过本地数据中的波士顿房价数据集，实现房价预测。示例代码如下：

```
from sklearn.svm import LinearSVR              # 导入线性回归类
from sklearn.datasets import load_boston       # 导入加载波士顿数据集
from pandas import DataFrame                    # 导入DataFrame

boston = load_boston()                          # 创建加载波士顿数据对象
```

```
# 将波士顿房价数据创建为DataFrame对象
df = DataFrame(boston.data, columns=boston.feature_names)
df.insert(0,'target',boston.target)          # 将价格添加至DataFrame对象中
data_mean = df.mean()                         # 获取平均值
data_std = df.std()                           # 获取标准偏差
data_train = (df - data_mean) / data_std      # 数据标准化
x_train = data_train[boston.feature_names].values    # 特征数据
y_train = data_train['target'].values         # 目标数据
linearsvr = LinearSVR(C=0.1)                  # 创建LinearSVR对象
linearsvr.fit(x_train, y_train)               # 训练模型
# 预测，并还原结果
x = ((df[boston.feature_names] - data_mean[boston.feature_names]) / data_std[boston.feature_names]).values
# 添加预测房价的信息列
df[u'y_pred'] = linearsvr.predict(x) * data_std['target'] + data_mean['target']
print(df[['target', 'y_pred']])               # 打印真实价格与预测价格
```

运行结果如下：

```
     target     y_pred
0      24.0   28.345521
1      21.6   23.848394
2      34.7   30.010946
3      33.4   28.499368
4      36.2   28.317957
5      28.7   24.354010
6      22.9   22.169311
..........................................
500    16.8   19.879188
501    22.4   23.803012
502    20.6   21.463153
503    23.9   26.741597
504    22.0   25.299011
505    11.9   20.997042
```

 说明 在以上的运行结果中索引从 0 开始，共有 506 条房价数据，左侧为真实数据，右侧为预测的房价数据。

7.5　图表工具模块

图表工具模块为自定义工具模块，该模块中主要定义用于显示可视化数据图表的函数，用于实现饼图、折线图以及条形图的绘制与显示工作。图表工具模块创建完成后根据数据分析的类型调用对应的图表函数，即可实现数据的可视化操作。

7.5.1　绘制饼图

饼图是将各项大小比例绘制在一张"饼"中，以"饼"中的大小确认每一项所占用的比例。在实现绘制饼图时，首先需要创建 chart.py 文件，该文件为图表工具的自定义模块。然后在该文件中导入 Matplotlib 模块与 pyplot 子模块，接下来为了避免中文乱

绘制饼图

码，需要创建 rcParams 对象。

绘制饼图的函数名称为 pie_chart()，用于显示各区二手房数量所占比例。该函数需要三个参数：size 为饼图中每个区二手房数量，label 为每个区对应的名称，title 为图表的标题。绘制饼图函数的具体代码如下：

```python
import matplotlib                              # 导入图表模块
import matplotlib.pyplot as plt                # 导入绘图模块
# 避免中文乱码
matplotlib.rcParams['font.sans-serif'] = ['SimHei']
matplotlib.rcParams['axes.unicode_minus'] = False


# 显示饼图
def pie_chart(size,label,title):

    """
    绘制饼图
    size:各部分大小
    labels:设置各部分标签
    labeldistance:设置标签文本距圆心位置，1.1表示1.1倍半径
    autopct: 设置圆里面文本
    shadow：设置是否有阴影
    startangle: 起始角度，默认从0开始逆时针转
    pctdistance：设置圆内文本距圆心距离
    """
    plt.figure()                                # 图形画布
    plt.pie(size, labels=label,labeldistance=1.05,
            autopct="%1.1f%%", shadow=True, startangle=0, pctdistance=0.6)
    plt.axis("equal")  # 设置横轴和纵轴大小相等，这样饼才是圆的
    plt.title(title, fontsize=12)
    plt.legend(bbox_to_anchor=(0.03, 1))        # 让图例生效，并设置图例显示位置
    plt.show()                                  # 显示饼图
```

7.5.2 绘制折线图

折线图是将数据点按照顺序连接起来的图表。绘制折线图的函数名称为 broken_line()，用于绘制真实房价与预测房价的折线图。该函数需要三个参数：y 用于表示二手房的真实价格，y_pred 为二手房的预测价格，title 为图表的标题。绘制折线图函数的具体代码如下：

绘制折线图

```python
# 显示预测房价折线图
def broken_line(y,y_pred,title):
    '''
    y:y轴折线点，也就是房子总价
    y_pred,预测房价的折线点
    color: 折线的颜色
    marker: 折点的形状
    '''
    plt.figure()                                            # 图形画布
    plt.plot(y, color='r', marker='o',label='真实房价')     # 绘制折线，并在折点添加蓝色圆点
    plt.plot(y_pred, color='b', marker='*',label='预测房价')
    plt.xlabel('房子数量')
    plt.ylabel('房子总价')
    plt.title(title)                                        # 图表标题文字
```

```
plt.legend()                         # 显示图例
plt.grid()                           # 显示网格
plt.show()                           # 显示图表
```

7.5.3 绘制条形图

绘制条形图

条形图也叫作直方图，是统计报告图的一种，由一些高度不等的条纹表示数据的分布情况。绘制条形图的函数一共有三个，分别用于显示各区二手房均价、全市二手房装修程度以及热门户型均价。定义函数的具体方式如下。

1. 绘制各区二手房均价的条形图

绘制各区二手房均价的条形图为纵向条形图，函数名称为 average_price_bar()，该函数需要三个参数：x 为全市各区域的数据，y 为各区域的均价数据，title 为图表的标题。绘制各区二手房均价的条形图的函数的具体代码如下：

```
# 显示均价条形图
def average_price_bar(x,y, title):
    plt.figure()                     # 图形画布
    plt.bar(x,y, alpha=0.8)          # 绘制条形图
    plt.xlabel("区域")               # 区域文字
    plt.ylabel("均价")               # 均价文字
    plt.title(title)                 # 图表标题文字
    # 为每一个图形加数值标签
    for x, y in enumerate(y):
        plt.text(x, y + 100, y, ha='center')
    plt.show()                       # 显示图表
```

2. 绘制全市二手房装修程度的条形图

绘制全市二手房装修程度的条形图为纵向条形图，函数名称为 renovation_bar()，该函数需要三个参数：x 为装修类型的数据，y 为每种装修类型对应的数量，title 为图表的标题。绘制全市二手房装修程度的条形图的函数的具体代码如下：

```
# 显示装修条形图
def renovation_bar(x,y, title):
    plt.figure()                     # 图形画布
    plt.bar(x,y, alpha=0.8)          # 绘制条形图
    plt.xlabel("装修类型")           # 区域文字
    plt.ylabel("数量")               # 均价文字
    plt.title(title)                 # 图表标题文字
    # 为每一个图形加数值标签
    for x, y in enumerate(y):
        plt.text(x, y + 10, y, ha='center')
    plt.show()                       # 显示图表
```

3. 绘制热门户型均价的条形图

绘制热门户型均价的条形图为水平条形图，函数名称为 bar()，该函数需要三个参数：price 为热门户型的均价，type 为热门户型的名称，title 为图表的标题。绘制热门户型均价的条形图的函数的具体代码如下：

```
# 显示热门户型的水平条形图
def bar(price,type, title):
    """
    绘制水平条形图方法barh
    参数一：y轴
    参数二：x轴
```

```
"""
plt.figure()                                                    # 图形画布
plt.barh(type, price, height=0.3, color='r', alpha=0.8)         # 从下往上画水平条形图
plt.xlim(0, 15000)                                              # X轴的均价0~15000
plt.xlabel("均价")                                              # 均价文字
plt.title(title)                                                # 图表标题文字
# 为每一个图形加数值标签
for y, x in enumerate(price):
    plt.text(x + 10, y,str(x) + '元', va='center')
plt.show()                                                      # 显示图表
```

7.6 二手房数据分析

7.6.1 清洗数据

清洗数据

在实现数据分析前需要先对数据进行清洗工作，清洗数据的主要目的是为了减小数据分析的误差。清洗数据时首先需要将数据内容读取，然后观察数据中是否存在无用值、空值以及数据类型是否需要进行转换等。清洗二手房数据的具体步骤如下：

（1）读取二手房数据文件，然后打印文件内容的头部信息。代码如下：

```
import pandas                                    # 导入数据统计模块


data = pandas.read_csv('data.csv')    # 读取csv数据文件
print(data.head())                    # 打印文件内容的头部信息
```

打印文件内容的头部信息如表 7-3 所示。

表 7-3　打印文件内容的头部信息

Unnamed: 0	小区名字	总价	户型	建筑面积	单价	朝向	楼层	装修	区域
0	中天北湾新城	89 万元	2室2厅1卫	89 平方米	10000 元/平方米	南北	低层	毛坯	高新
1	桦林苑	99.8 万元	3室2厅1卫	143 平方米	6979 元/平方米	南北	中层	毛坯	净月
2	嘉柏湾	32 万元	1室1厅1卫	43.3 平方米	7390 元/平方米	南	高层	精装修	经开
3	中环 12 区	51.5 万元	2室1厅1卫	57 平方米	9035 元/平方米	南北	高层	精装修	南关
4	昊源高格蓝湾	210 万元	3室2厅2卫	160.8 平方米	13060 元/平方米	南北	高层	精装修	二道

观察表 7-3 中打印的文件内容头部信息，首先可以判断 Unnamed: 0 索引列对于数据分析没有任何帮助，然后观察"总价"、"建筑面积"以及"单价"所对应的数据并不是数值类型，所以无法进行计算。

（2）首先将索引列"Unnamed: 0"删除，然后将数据中的所有空值删除，最后分别将"总价"、"建筑面积"以及"单价"对应数据中的字符删除仅保留数字部分，再将数字转换为符点类型，最后，再次打印文件内容的头部信息。代码如下：

```
del data['Unnamed: 0']                                         # 将索引列删除
data.dropna(axis=0, how='any', inplace=True)                   # 删除data数据中的所有空值
# 将单价中的单位"元/平方米"去掉
data['单价'] = data['单价'].map(lambda d: d.replace('元/平米', ''))
data['单价'] = data['单价'].astype(float)                        # 将房子单价转换为浮点类型
data['总价'] = data['总价'].map(lambda z: z.replace('万', ''))    # 将总价中的单位"万元"去掉
data['总价'] = data['总价'].astype(float)                        # 将房子总价转换为浮点类型
# 将建筑面积中的单位"平方米"去掉
data['建筑面积'] = data['建筑面积'].map(lambda p: p.replace('平米', ''))
data['建筑面积'] = data['建筑面积'].astype(float)                 # 将建筑面积转换为浮点类型
print(data.head())                                             # 打印文件内容的头部信息
```

打印清洗后数据的头部信息如表 7-4 所示。

表 7-4 打印清洗后数据的头部信息

小区名字	总价	户型	建筑面积	单价	朝向	楼层	装修	区域
中天北湾新城	89.0	2 室 2 厅 1 卫	89.0	10000.0	南北	低层	毛坯	高新
桦林苑	99.8	3 室 2 厅 1 卫	143.0	6979.0	南北	中层	毛坯	净月
嘉柏湾	32.0	1 室 1 厅 1 卫	43.3	7390.0	南	高层	精装修	经开
中环 12 区	51.5	2 室 1 厅 1 卫	57.0	9035.0	南北	高层	精装修	南关
昊源高格蓝湾	210.0	3 室 2 厅 2 卫	160.8	13060.0	南北	高层	精装修	二道

7.6.2 各区二手房均价分析

在实现各区二手房均价分析时，首先需要将数据按各区域进行划分，然后计算每个区域的二手房均价，最后将区域及对应的均价信息通过纵向条形统计图显示即可。具体步骤如下。

各区二手房
均价分析

（1）通过 groupby()方法实现二手房区域的划分，然后通过 mean()方法计算出每个区域的二手房均价，最后分别通过 index 属性与 values 属性获取所有区域信息与对应的均价。代码如下：

```
# 获取各区二手房均价
def get_average_price():
    group = data.groupby('区域')                                  # 将房子按区域分组
    average_price_group = group['单价'].mean()                    # 计算每个区域的均价
    region = average_price_group.index  # 区域
    average_price = average_price_group.values.astype(int)  # 区域对应的均价
    return region, average_price                                 # 返回区域与对应的均价
```

（2）在主窗体初始化类中创建 show_average_price()方法，用于绘制并显示各区二手房均价分析图。代码如下：

```
# 显示各区二手房均价分析图
def show_average_price(self):
    region, average_price= house_analysis.get_average_price()   # 获取房子区域与均价
    chart.average_price_bar(region,average_price,'各区二手房均价分析')
```

（3）指定显示各区二手房均价分析图，按钮事件所对应的方法。代码如下：

```
# 显示各区二手房均价分析图，按钮事件
main.btn_1.triggered.connect(main.show_average_price)
```

（4）在主窗体当中单击"各区二手房均价分析"按钮，将显示图 7-11 所示的各区二手房均价的分析图。

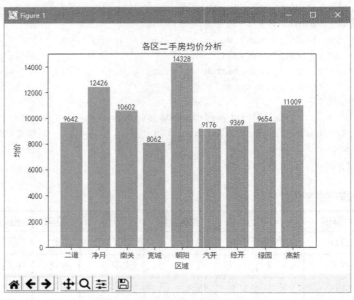

图 7-11　各区二手房均价分析图

7.6.3　各区房子数量比例

在实现各区房子数量比例时，首先需要将数据按区域进行分组并获取每个区域的房子数量，然后获取每个区域与对应的二手房数量，最后计算每个区域二手房数量的百分比。具体步骤如下。

各区房子
数量比例

（1）通过 groupby()方法对房子区域进行分组，并使用 size()方法获取每个区域的分组数量（区域对应的房子数量），然后使用 index 属性与 values 属性分别获取每个区域与对应的二手房数量，最后计算每个区域房子数量的百分比。代码如下：

```
# 获取各区房子数量比例
def get_house_number():
    group_number = data.groupby('区域').size()          # 房子区域分组数量
    region = group_number.index                         # 区域
    numbers = group_number.values                       # 获取每个区域内房子出售的数量
    percentage = numbers / numbers.sum() * 100          # 计算每个区域房子数量的百分比
    return region, percentage  # 返回百分比
```

（2）在主窗体初始化类中创建 show_house_number()方法，用于绘制并显示各区二手房数量所占比例的分析图。代码如下：

```
# 显示各区二手房数量所占比例
def show_house_number(self):
    region, percentage = house_analysis.get_house_number()    # 获取房子区域与数量百分比
    chart.pie_chart(percentage,region,'各区二手房数量所占比例')  # 显示图表
```

（3）指定显示各区二手房数量所占比例图，按钮事件所对应的方法。代码如下：

```
# 显示各区二手房数量所占比例图，按钮事件
main.btn_2.triggered.connect(main.show_house_number)
```
（4）在主窗体当中单击"各区二手房数量所占比例"按钮，将显示图 7-12 所示的各区二手房数量所占比例的分析图。

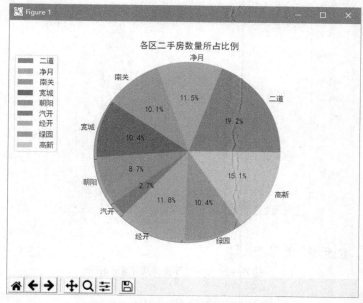

图 7-12　各区二手房数量所占比例分析图

7.6.4　全市二手房装修程度分析

在实现全市二手房装修程度分析时，首先需要将二手房的装修程度进行分组并将每个分组对应的数量统计出来，再将装修程度分类信息与对应的数量进行数据的分离工作。具体步骤如下。

全市二手房装修
程度分析

（1）通过 groupby() 方法对房子的装修程度进行分组，并使用 size() 方法获取每个装修程度分组的数量，然后使用 index 属性与 values 属性分别获取每个装修程度分组与对应的数量。代码如下：

```
# 获取全市二手房装修程度对比
def get_renovation():
    group_renovation = data.groupby('装修').size()     # 将二手房装修程度分组并统计数量
    type = group_renovation.index                      # 装修程度
    number = group_renovation.values                   # 装修程度对应的数量
    return type, number                                # 返回装修程度与对应的数量
```
（2）在主窗体初始化类中创建 show_renovation() 方法，用于绘制并显示全市二手房装修程度的分析图。代码如下：

```
# 显示全市二手房装修程度分析
def show_renovation(self):
    type, number = house_analysis.get_renovation()                      # 获取全市二手房装修程度
    chart.renovation_bar(type,number,'全市二手房装修程度分析')          # 显示图表
```
（3）指定显示全市二手房装修程度分析图，按钮事件所对应的方法。代码如下：

```
# 显示全市二手房装修程度分析图，按钮事件
main.btn_3.triggered.connect(main.show_renovation)
```

（4）在主窗体当中单击"全市二手房装修程度分析"按钮，将显示图7-13所示的全市二手房装修程度的分析图。

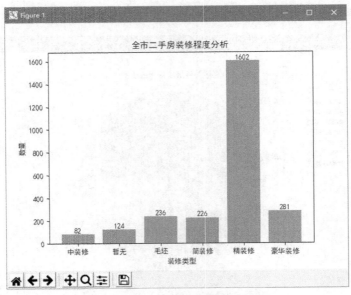

图 7-13　全市二手房装修程度分析图

7.6.5　热门户型均价分析

热门户型均价分析

在实现热门户型均价分析时，首先需要对户型进行分组并获取每个分组所对应的数量，然后对户型分组数量进行降序处理，提取前 5 组户型数据，作为热门户型的数据。最后计算每个户型的均价。具体步骤如下。

（1）通过 groupby() 方法对二手房的户型进行分组，并使用 size() 方法获取每个户型分组的数量，使用 sort_values() 方法对户型分组数量进行降序处理。然后通过 head(5) 方法，提取前 5 组户型数据。再通过 mean() 方法计算每个户型的均价，最后使用 index 属性与 values 属性分别获取户型与对应的均价。代码如下：

```
# 获取二手房热门户型均价
def get_house_type():
    house_type_number = data.groupby('户型').size()          # 二手房户型分组数量
    sort_values = house_type_number.sort_values(ascending=False) # 将户型分组数量进行降序
    top_five = sort_values.head(5)  # 提取前5组户型数据
    house_type_mean = data.groupby('户型')['单价'].mean()      # 计算每个户型的均价
    type = house_type_mean[top_five.index].index              # 户型
    price = house_type_mean[top_five.index].values            # 户型对应的均价
    return type, price.astype(int)                            # 返回户型与对应的数量
```

（2）在主窗体初始化类中创建 show_type() 方法，用于绘制并显示热门户型均价的分析图。代码如下：

```
# 显示热门户型均价分析图
def show_type(self):
    type, price = house_analysis.get_house_type()        # 获取全市二手房热门户型均价
    chart.bar(price,type,'热门户型均价分析')
```

（3）指定显示热门户型均价分析图，按钮事件所对应的方法。代码如下：

```
# 显示热门户型均价分析图，按钮事件
main.btn_4.triggered.connect(main.show_type)
```

（4）在主窗体当中单击"热门户型均价分析"按钮，将显示图 7-14 所示的热门户型均价的分析图。

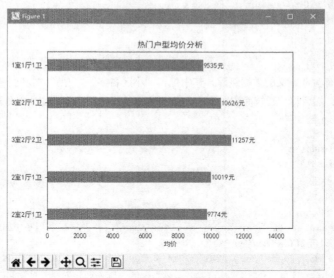

图 7-14　热门户型均价分析图

7.6.6　二手房售价预测

二手房售价预测

在实现二手房售价预测时，需要提供二手房源数据中的参考数据（特征值），这里将"户型"与"建筑面积"作为参考数据来进行房价的预测，所以需要观察"户型"数据是否符合分析条件。如果参考数据不符合分析条件时需要再次对数据进行清洗处理。再通过源数据中已知的参考数据"建筑面积"以及"户型"进行未知房价的预测。实现的具体步骤如下。

（1）查看源数据中"建筑面积"以及"户型"数据，确认数据是否符合数据分析条件。代码如下：

```
# 获取价格预测
def get_price_forecast():
    data_copy = data.copy()        # 复制数据
    print(data_copy[['户型', '建筑面积']].head())
```

打印"户型"以及"建筑面积"数据头部信息如下：

```
     户型     建筑面积
0  2室2厅1卫    89.0
1  3室2厅1卫   143.0
2  1室1厅1卫    43.3
3  2室1厅1卫    57.0
4  3室2厅2卫   160.8
```

（2）从以上打印出的信息中可以看出，"户型"数据中包含文字信息，而文字信息并不能实现数据分析时的拟合工作，所以需要将"室""厅""卫"进行独立字段的处理，处理代码如下：

```
data_copy[['室', '厅', '卫']] = data_copy['户型'].str.extract('(\d+)室(\d+)厅(\d+)卫')
data_copy['室'] = data_copy['室'].astype(float)      # 将房子的"室"转换为浮点类型
data_copy['厅'] = data_copy['厅'].astype(float)      # 将房子的"厅"转换为浮点类型
data_copy['卫'] = data_copy['卫'].astype(float)      # 将房子的"卫"转换为浮点类型
print(data_copy[['室','厅','卫']].head())            # 打印"室""厅""卫"数据
```

打印"室""厅""卫"进行独立字段的处理后的头部信息如下：

```
        室      厅      卫
0      2.0     2.0     1.0
1      3.0     2.0     1.0
2      1.0     1.0     1.0
3      2.0     1.0     1.0
4      3.0     2.0     2.0
```

（3）将数据中没有参考意义的数据删除，其中包含"小区名字""户型""朝向""楼层""装修""区域"
"单价"以及"空值"，然后将"建筑面积"小于300平方米的房子信息筛选出来。处理代码如下：

```python
del data_copy['小区名字']
del data_copy['户型']
del data_copy['朝向']
del data_copy['楼层']
del data_copy['装修']
del data_copy['区域']
del data_copy['单价']
data_copy.dropna(axis=0, how='any', inplace=True)    # 删除data数据中的所有空值
# 获取"建筑面积"小于300平方米的房子信息
new_data = data_copy[data_copy['建筑面积'] < 300].reset_index(drop=True)
print(new_data.head())                                # 打印处理后的头部信息
```

打印处理后数据的头部信息如下：

```
        总价    建筑面积     室      厅      卫
0      89.0     89.0     2.0     2.0     1.0
1      99.8    143.0     3.0     2.0     1.0
2      32.0     43.3     1.0     1.0     1.0
3      51.5     57.0     2.0     1.0     1.0
4     210.0    160.8     3.0     2.0     2.0
```

（4）添加自定义预测数据，其中包含"总价""建筑面积""室""厅""卫"，总价数据为"None"，其他
数据为模拟数据。然后进行数据的标准化，定义特征数据与目标数据，最后训练回归模型进行未知房价的预测。
代码如下：

```python
# 添加自定义预测数据
new_data.loc[2505] = [None, 88.0, 2.0, 1.0, 1.0]
new_data.loc[2506] = [None, 136.0, 3.0, 2.0, 2.0]
data_train=new_data.loc[0:2504]
x_list = ['建筑面积', '室', '厅', '卫']                        # 自变量参考列
data_mean = data_train.mean()                               # 获取平均值
data_std = data_train.std()                                 # 获取标准偏差
data_train = (data_train - data_mean) / data_std            # 数据标准化
x_train = data_train[x_list].values                         # 特征数据
y_train = data_train['总价'].values                          # 目标数据，总价
linearsvr = LinearSVR(C=0.1)                                # 创建LinearSVR对象
linearsvr.fit(x_train, y_train)                             # 训练模型
# 标准化特征数据
x = ((new_data[x_list] - data_mean[x_list]) / data_std[x_list]).values
# 添加预测房价的信息列
new_data[u'y_pred'] = linearsvr.predict(x) * data_std['总价'] + data_mean['总价']
print('真实值与预测值分别为：\n', new_data[['总价', 'y_pred']])
y = new_data[['总价']][2490:]                                # 获取2490以后的真实总价
y_pred = new_data[['y_pred']][2490:]                         # 获取2490以后的预测总价
return y,y_pred                                              # 返回真实房价与预测房价
```

查看打印的"真实值"与"预测值",其中索引编号为"2505"和"2506"为添加自定义的预测数据,打印结果如下:

```
真实值与预测值分别为:
        总价      y_pred
0       89.0    84.714340
1       99.8    143.839042
2       32.0    32.318720
3       51.5    50.815418
4       210.0   179.302203
5       118.0   199.664493
......................
2502    75.0    105.918738
2503    100.0   105.647402
2504    48.8    56.676315
2505    NaN     82.262082
2506    NaN     153.981559
```

 说明 从以上的打印结果当中可以看出"总价"一列为房价的真实数据,而右侧的"y_pred"为房价的预测数据。其中索引编号"2505"与"2506"为模拟的未知数据,所以"总价"列中数据为空,而右侧的数据是根据已知的参考数据预测而来的。

(5)在主窗体初始化类中创建 show_total_price() 方法,用于绘制并显示二手房售价预测折线图。代码如下:

```
# 显示二手房售价预测折线图
def show_total_price(self):
    true_price,forecast_price = house_analysis.get_price_forecast() # 获取预测房价
    chart.broken_line(true_price,forecast_price,'二手房售价预测')    # 绘制及显示图表
```

(6)指定显示全市二手房售价预测图,按钮事件所对应的方法。代码如下:

```
# 显示全市二手房售价预测图,按钮事件
main.btn_5.triggered.connect(main.show_total_price)
```

(7)在主窗体当中单击"二手房售价预测"按钮,将显示图 7-15 所示的全市二手房售价预测分析图。

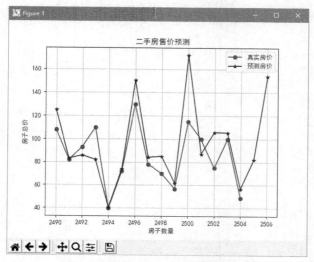

图 7-15 全市二手房户售价预测折线图

为了清楚地看清二手房售价预测，在折线图中仅绘制了索引编号为"2490"以后的预测总价，其中预测房价折线多出的两点为索引编号"2505"与"2506"的预测房价。

小 结

本章主要使用 Python 开发了一个二手房数据分析预测系统，该项目主要应用了 pandas 与 sklearn 模块实现数据的分析处理。其中 pandas 模块主要用于实现数据的预处理以及数据的分类等，而 sklearn 模块主要用于实现数据的回归模型以及预测功能。而最后需要通过一个比较经典的绘图模块 Matplotlib，将分析后的文字数据绘制成图表，从而形成更直观的可视化数据。在开发中，数据分析是该项目的重点与难点，需要读者认真领会其中的算法，方便读者开发其他项目。

习 题

7-1 简述什么是 sklearn 库。

7-2 简述清洗数据的目的是什么。

第8章

智能停车场运营分析系统

本章要点

- 使用Pygame搭建应用窗体
- 数据的分析
- 可视化图表

■ 汽车停车场与现在的生活是密不可分的。随着百姓生活质量的提高，百分之八十的家庭都会有一辆甚至多辆汽车。而此时对于开车的人来说最头疼的事情就是在哪里停车，而停车场的使用率多数开车的司机并不了解。本章将通过数据分析技术实现"智能停车场运营分析系统"分析智能停车场中停车高峰时间、接待车辆统计、每周的繁忙统计以及车位的利用率。

8.1 需求分析

智能停车场运营分析系统可以根据智能停车场所收集的数据信息进行分析与统计，并将统计后的结果通过可视化图表的方式显示在窗体当中。该系统将具备以下功能。

- 停车时间的分布情况。
- 停车高峰的时间统计。
- 每周繁忙的比例。
- 月收入分析。
- 每日接待车辆的统计。
- 车位利用率的统计。

需求分析

8.2 系统设计

8.2.1 系统功能结构

系统设计

智能停车场运营分析系统的功能结构主要分为三类：确认数据来源、实现数据分析以及绘制图表。详细的功能结构如图 8-1 所示。

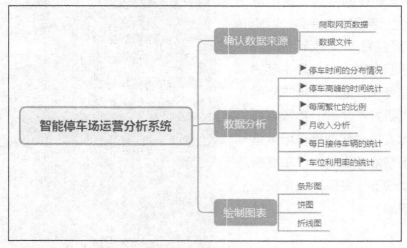

图 8-1 系统功能结构

8.2.2 系统业务流程

在开发智能停车场运营分析系统时，需要先思考该程序的业务流程。根据需求分析与功能结构，设计出图 8-2 所示的系统业务流程图。

8.2.3 系统预览

在智能停车场运营分析系统中，查看停车场运营分析图表时，需要在主窗体当中选择对应的图表信息，主窗体运行效果如图 8-3 所示。

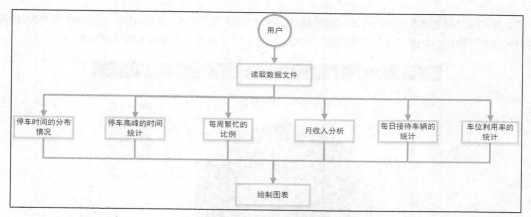

图 8-2　系统业务流程

图 8-3　智能停车场运营分析系统主窗体

在主窗体的功能按钮中单击"停车时间分布"按钮，将显示图 8-4 所示的停车时间分布图。

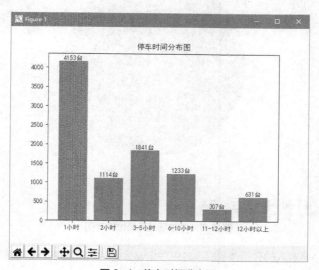

图 8-4　停车时间分布图

停车的高峰时间是很多驾驶员所重视的数据，如果在没有什么非常重要的事情时，可以避免高峰期间停车。在主窗体的功能按钮中单击"停车高峰时间"按钮，将显示图 8-5 所示的停车高峰时间统计图。

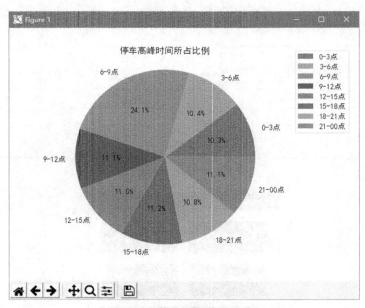

图 8-5　停车高峰时间统计图

在需要查看停车场每周繁忙的统计数据时，需要在主窗体的功能按钮中单击"周繁忙统计"按钮，将显示图 8-6 所示的停车场每周繁忙统计图。

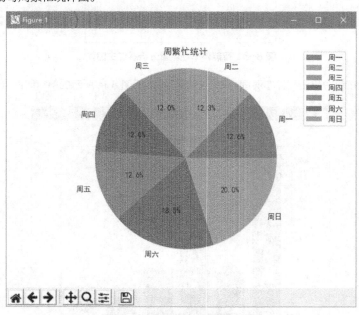

图 8-6　停车场每周繁忙统计图

需要了解智能停车场月收入的分析图表时，可以在主窗体的功能按钮中单击"月收入分析"按钮，将显示图 8-7 所示的月收入分析图。

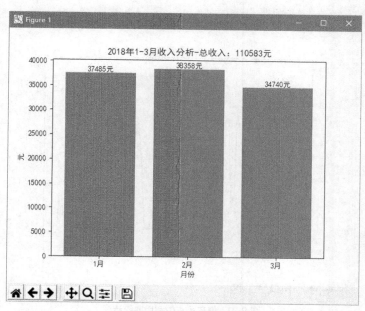

图 8-7　月收入分析图

　　停车场内每日接待的车辆也是一个可观的数据，在主窗体的功能按钮中单击"接待车辆统计"按钮，将显示图 8-8 所示的每日停车场接待车辆的统计图。

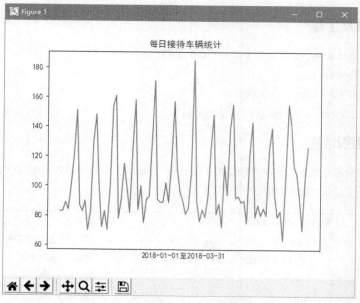

图 8-8　每日停车场接待车辆的统计图

　　在查询车位利用率时，需要在主窗体的功能按钮中单击"车位利用率"按钮，将显示图 8-9 所示的停车场车位利用率统计图。

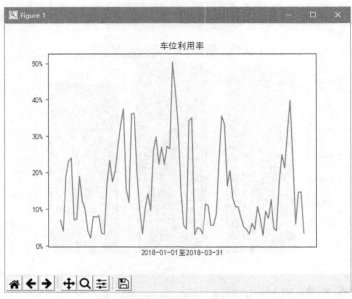

图 8-9　停车场车位利用率统计图

8.3　系统开发必备

系统开发必备

8.3.1　开发环境及工具

- ❑　操作系统：Windows 7、Windows 8、Windows 10。
- ❑　开发工具：PyCharm。
- ❑　Python 内置模块：time、datetime。
- ❑　第三方模块：Pygame、Matplotlib、pandas。

8.3.2　文件夹组织结构

智能停车场运营分析系统的文件夹组织结构主要分为 datafile（保存停车场数据文件）、img（保存图片资源）、util（保存工具文件），详细结构如图 8-10 所示。

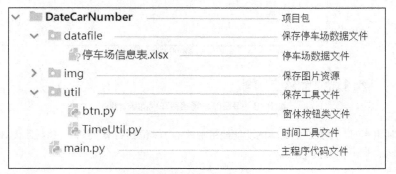

图 8-10　项目文件结构

8.4 技术准备

初识 Pygame

8.4.1 初识 Pygame

Pygame 是跨平台的 Python 模块,专为电子游戏设计。包含图像、声音。创建在 SDL(Simple DirectMedia Layer)基础上,允许实时电子游戏研发而无须被低级语言,如 C 语言或是更低级的汇编语言束缚。基于这样一个设想,所有需要的游戏功能和理念都(主要是图像方面)完全简化为游戏逻辑本身,所有的资源结构都可以由高级语言(如 Python)提供。

8.4.2 Pygame 的基本应用

Pygame 的
基本应用

Pygame 做游戏开发的优势在于不需要过多地考虑底层相关的内容,而可以把工作重心放在游戏逻辑上。例如,Pygame 中集成了很多和底层相关的子模块,如访问显示设备、管理事件、使用字体等。Pygame 常用的子模块如表 8-1 所示。

表 8-1 Pygame 常用模块

模块名	功　　能
pygame.cdrom	访问光驱
pygame.cursors	加载光标
pygame.display	访问显示设备
pygame.draw	绘制形状、线和点
pygame.event	管理事件
pygame.font	使用字体
pygame.image	加载和存储图片
pygame.joystick	使用游戏手柄或者类似的东西
pygame.key	读取键盘按键
pygame.mixer	声音
pygame.mouse	鼠标
pygame.movie	播放视频
pygame.music	播放音频
pygame.overlay	访问高级视频叠加
pygame.rect	管理矩形区域
pygame.sndarray	操作声音数据
pygame.sprite	操作移动图像
pygame.surface	管理图像和屏幕
pygame.surfarray	管理点阵图像数据
pygame.time	管理时间和帧信息
pygame.transform	缩放和移动图像

在开发智能停车场运营分析系统时,主要使用 Pygame 的 display 模块和 event 模块,来实现该项目的主窗口,例如,通过 Pygame 模块创建一个空窗体即可使用如下代码:

```
# -*- coding:utf-8 -*-
import sys                              # 导入sys模块
import pygame                           # 导入Pygame模块


pygame.init()                           # 初始化Pygame
size = width, height = 320, 240         # 设置窗口
screen = pygame.display.set_mode(size)   # 显示窗口


# 执行死循环，确保窗口一直显示
while True:
    # 检查事件
    for event in pygame.event.get():    # 遍历所有事件
        if event.type == pygame.QUIT:   # 如果单击关闭窗口，则退出
            pygame.quit()               # 退出Pygame
            sys.exit()
```

运行结果如图 8-11 所示。

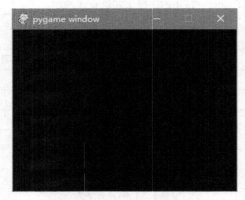

图 8-11　Pygame 创建的窗口

【例 8-1】 在 Pygame 的窗口中添加按钮。代码如下：（实例位置：资源包\MR\源码\第 8 章\8-1）

因为 Pygame 并没有提供一个可以直接使用的按钮的模块，所以在 Pygame 的窗口中添加按钮时需要进行按钮的绘制，然后判断鼠标单击的范围是否是按钮所在的范围，从而实现按钮的单击事件。在 Pygame 窗口中添加按钮的具体步骤如下。

（1）创建 btn.py 文件，在该文件中创建自定义的按钮类 Button，在该类中定义三个方法分别为__init__()方法用于对按钮属性的初始化工作、deal_msg()方法用于对按钮图像的渲染工作以及 draw_button()方法用于按钮的绘制工作。具体代码如下。

```
import pygame
# 自定义按钮
class Button():
    # msg为要在按钮中显示的文本
    def __init__(self,screen,centerxy,width, height,button_color,text_color, msg,size):
        """初始化按钮的属性"""
        self.screen = screen
        # 按钮宽高
        self.width, self.height = width, height
        # 设置按钮的rect对象颜色为深蓝
```

```
        self.button_color = button_color
        # 设置文本的颜色为白色
        self.text_color = text_color
        # 设置文本为默认字体，字号为20
        self.font = pygame.font.SysFont('SimHei', size)
        # 设置按钮大小
        self.rect = pygame.Rect(0, 0, self.width, self.height)
        # 创建按钮的rect对象，并设置按钮中心位置
        self.rect.centerx = centerxy[0]
        self.rect.centery= centerxy[1]
        # 渲染图像
        self.deal_msg(msg)

    def deal_msg(self, msg):
        """将msg渲染为图像，并将其在按钮上居中"""
        # render将存储在msg的文本转换为图像
        self.msg_img = self.font.render(msg, True, self.text_color, self.button_color)
        # 根据文本图像创建一个rect
        self.msg_img_rect = self.msg_img.get_rect()
        # 将该rect的center属性设置为按钮的center属性
        self.msg_img_rect.center = self.rect.center

    def draw_button(self):
        # 填充颜色
        self.screen.fill(self.button_color, self.rect)
        # 将该图像绘制到屏幕
        self.screen.blit(self.msg_img, self.msg_img_rect)
```

（2）导入自定义的按钮模块，然后在确定窗口一直显示的循环中创建按钮对象并进行按钮的绘制工作，最后判断按钮所在的范围是否被单击，如果单击按钮将关闭窗口。具体代码如下：

```
# -*- coding:utf-8 -*-
import sys                              # 导入sys模块
import pygame                          # 导入Pygame模块
import btn                            # 导入自定义按钮模块

pygame.init()                          # 初始化Pygame
size = width, height = 320, 240       # 设置窗口
# 定义颜色
WHITE = (255, 255, 255)
BLUE = (72, 61, 139)

screen = pygame.display.set_mode(size)    # 显示窗口
# 设置背景颜色
screen.fill(WHITE)
# 执行死循环，确保窗口一直显示
while True:
    # 创建识别按钮
    button1 = btn.Button(screen, (90, 50), 140, 60, BLUE, WHITE, "关闭窗口", 20)
    # 绘制创建的按钮
    button1.draw_button()
    # 更新窗口
```

```
pygame.display.update()
# 检查事件
for event in pygame.event.get():          # 遍历所有事件
    if event.type == pygame.QUIT:         # 如果单击关闭窗口，则退出
        pygame.quit()                     # 退出Pygame
        sys.exit()
    # 判断单击
    elif event.type == pygame.MOUSEBUTTONDOWN:
        # 鼠标单击位置
        if 20 <= event.pos[0] and event.pos[0] <= 90 + 70 \
                and 20 <= event.pos[1] and event.pos[1] <= 50 + 30:
            pygame.quit()                 # 退出Pygame
            sys.exit()                    # 系统退出
            pass
```

运行结果如图 8-12 所示，单击"关闭窗口"按钮将关闭 Pygame 窗口。

图 8-12　在 Pygame 的窗口中添加按钮

8.4.3　时间模块

时间模块

时间模块（time 模块）提供了一些处理日期和处理时间的方法，这个模块中定义的大部分方法与平台 C 库方法都是同名的。每个时间戳都以自从 1970 年 1 月 1 日午夜（历元）经过了多长时间来表示。或者是一个表示时间的 struct（类元组）。

1．以元组形式获取当前时间

在输出以元组形式获取当前的时间时，首先需要使用 time 模块中的 time()方法，返回自 1970 年 1 月 1 日，00:00:00:00(UTC)至当前时间段以来以秒为单位的时间。可以使用以下代码输出该时间信息：

```
print(time.time())
```

接下来需要使用 localtime()方法来将获取当前时间的秒数转换为元组形式的当前时间。localtime()方法的常用语法格式如下：

```
localtime(seconds=None)
```

该方法返回一个 struct_time 对象，对应于本地时区。方法中的 seconds 参数为秒数，如果需要通过该方法进行转换，参数必须将时间转换为秒数，才可以进行时间元组形式的转换。

实现以元组形式获取当前时间的示例代码如下：

```
import time                              # 导入时间模块

localtime = time.localtime(time.time())  # 获取时间秒数并将该时间转换为时间元组
print ("当前时间为 :", localtime)          # 输出元组形式的当前时间
```

运行结果如下：

```
当前时间为：time.struct_time(tm_year=2019, tm_mon=3, tm_mday=7, tm_hour=10, tm_min=47,
tm_sec=52, tm_wday=3, tm_yday=66, tm_isdst=0)
```

2. 格式化日期与时间

在实现格式化日期与时间时，需要用到 strftime() 方法，该方法的常用语法格式如下：

```
strftime(format, p_tuple=None)
```

该方法中的参数"format"是格式字符串，可以是表 8-2 所示的格式代码。参数"p_tuple"表示通过 gmtime()
方法或 localtime() 方法所获取的时间元组。

表 8-2　时间格式代码

格式代码	含义
%y	年，两位数的年份表示（00～99），例如，18 年
%Y	年，四位数的年份表示（0000～9999），例如，2018 年
%m	月，月份（01～12）
%d	日，代表月份中的一天（0～31）
%H	时，24 小时制小时数（0～23）
%I	时，12 小时制小时数（01～12）
%M	分，分钟数（00～59）
%S	秒，秒数（00～59）
%a	本地简化星期几名称
%A	本地完整星期几名称
%b	本地简化的月份名称
%B	本地完整的月份名称
%c	本地相应的日期与时间表示
%j	一年中的一天（001～366）
%p	本地的 A.M.（上午）或 P.M.（下午）
%U	一年中的周数（00～53），星期日为星期的开始
%w	一周中的一天（0～6），0 为星期日
%W	一年中的周数（00～53），星期一为星期的开始
%x	本地相应的日期表示
%X	本地相应的时间表示
%Z	当前时区的名称（如果不存在时区则无字符）
%%	%字符的本身

实现通过 strftime() 方法格式化日期与时间，示例代码如下：

```
import time                                          # 导入时间模块

formattime = time.strftime("%Y-%m-%d %H:%M:%S", time.localtime())  # 格式化日期与时间
print(formattime)                                    # 输出格式化以后的日期与时间
```

运行结果如下：

```
2019-03-07 10:50:51
```

3. time 模块的常见方法

time 模块中还有多个既可以实现时间处理，又可以转换时间格式的方法，具体的常见方法如表 8-3 所示。

表 8-3　time 模块的常见方法

方法	概述
gmtime(seconds=None)	将一个以秒数为单位的时间，转换为一个 UTC 结构的时间，其中 DST 标志总是为零 该方法返回的是一个 struct_time 对象
ctime(seconds=None)	将一个以秒为单位的时间，转换为代表本地时间的字符串。ctime() 与 asctime() 相同。如果不填写参数或者将参数位置填写 None，就会使用当前的时间
mktime(p_tuple)	该方法执行与 gmtime() 和 localtime() 方法相反的操作，它只接收 struct_time 对象作为参数，返回用秒数来表示时间的浮点数。如果输入的值不是一个合法的时间，将触发 OverflowError 或 ValueError
sleep(seconds)	该方法可以让当前线程进入睡眠状态，其中的参数为秒数
strptime(string, format)	该方法是解析一个代表时间的字符串，然后返回一个 struct_time 对象，format 参数使用与 strftime() 方法中相同的说明符，而 string 需要使用字符串类型的时间，例如，time.strptime("30 Nov 18", "%d %b %y")

8.4.4　日期时间模块

日期时间模块（datetime 模块）主要提供了处理日期与时间的类，该模块大部分功能都是关于创建或输出日期与时间的。其他的还包括数学运算，例如，时间差的比较和运算方式。

日期时间模块

1. 日期类（date）

date 对象是由年、月、日三部分构成的简单日期：

```
date(year, month, day)
```

通过该方法可以创建一个新的日期对象，year 参数的范围是在 datetime.MINYEAR 与 datetime.MAXYEAR 之间的整数。month 参数的范围是 1 至 12 之间的整数，而 day 是某一个月中所对应的天数。

例如，获取当前日期的 date 对象可以使用以下代码：

```
import datetime                    # 导入日期时间模块

date = datetime.date.today()      # 获取当前日期的date对象
print(date)                        # 输出date对象
print(type(date))                  # 输出对象类型
```

date 类中提供了很多比较实用的方法及属性，例如，日期的字符串输出或者是日期的替换并产生新的对象。

创建了 date 对象以后，便可以通过属性来获取对应的年、月、日。示例代码如下：

```
import datetime                    # 导入日期时间模块

date = datetime.date.today()      # 获取当前日期的date对象
print(date.year)                   # 获取年份
print(date.month)                  # 获取月份
print(date.day)                    # 获取日
```

date 类中常见的方法及属性，如表 8-4 所示。

表 8-4　date 类中常见的方法及属性

方法与属性	概述
min	该属性提供能够表示的最早日期（datetime.date(1，1，1)）
max	该属性提供表示可能最晚的日期（datetime.date(9999，12，31)）
resolution	date 对象表示日期的最小单位，这里为天
ctime()	返回一个与 time.ctime()方法一样的时间格式
isocalendar()	返回一个元组形式(year，week number，weekday)的日期，这里 year 是年、week number 是周数的意思，该值的范围是 1 至 53 之间、weekday 是星期，该值的范围是 1（星期一）至 7（星期日）之间。这三个元组范围由 ISO 8601 标准决定
isoformat()	返回符合 ISO 8601 标准(YYYY-MM-DD)的日期字符串
isoweekday()	返回符合 ISO 标准的指定日期所在的星期数 1（星期一）至 7（星期日）之间
weekday()	返回一周内的时间，0（星期一）至 6（星期日）之间
strftime()	返回一个表示日期的与 time.strftime()方法相同格式的字符串
timetuple()	返回一个类型为 time.struct_time 的时间元组，但是有关时间的部分元素值为 0
toordinal ()	返回公元公历开始到指定日期的天数，公元 1 年 1 月 1 日为 1
fromordinal()	将 Gregorian 日历时间转换为 date 对象，（Gregorian Calendar：一种日历表示方法，类似于我国的农历），也可以理解为将公元公历到指定日期的天数转换为 date 对象，其中 ordinal 参数就是这个天数
fromtimestamp()	根据指定的时间戳，返回一个 date 对象，其中参数 timestamp 就是这个时间戳，可以将该参数设置为 time.time()
replace()	返回一个替换指定日期字段的新 date 对象。有 3 个可选参数，分别为 year、month、day。注意替换后产生新对象，不影响原 date 对象
__format__()	将日期对象转换为字符串对象，而参数 format 就是指定日期的格式

2．时间类（time）

time 对象是由小时（hour）、分钟（minute）、秒（second）、毫秒（microsecond）所组成，创建 time 对象的语法格式如下：

```
time(hour=0, minute=0, second=0, microsecond=0, tzinfo=None)
```

在创建 time 对象时，参数 hour 需要设置为 0~24、minute 为 0~60、second 为 0~60、microsecond 为 0~1000000，其中 tzinfo 为时区。在创建 time 对象时可以使用以下代码：

```
import datetime                        # 导入日期时间模块

time = datetime.time(14,14,59,899)     # 创建time对象
print(time.hour)                       # 获取小时
print(time.minute)                     # 获取分钟
print(time.second)                     # 获取秒钟
print(time.microsecond)                # 获取毫秒
print(time.tzinfo)                     # 获取时区
```

datetime 模块不仅仅是可以输出各式各样的日期与时间，该模块中还提供了很多用于比较时间或者是日期的方法。具体的方法及说明如表 8-5 所示。

表 8-5　datetime 模块中比较时间或日期的方法

方法	说明
__ge__()	该方法用于判断大于等于，例如，（x>=y）返回值 True 或 False
__le__()	该方法用于判断小于等于，例如，（x<=y）返回值 True 或 False
__gt__()	该方法用于判断大于，例如，（x>y）返回值 True 或 False
__lt__()	该方法用于判断小于，例如，（x<y）返回值 True 或 False
__eq__()	该方法用于判断等于，例如，（x==y）返回值 True 或 False
__ne__()	该方法用于不等于，例如，（x!=y）返回值 True 或 False

时间比较的示例代码如下：

```
import datetime                                            # 导入日期时间模块

time_x = datetime.time(9,18,30,888)                        # 创建time_x时间对象
time_y = datetime.time(10,18,30,888)                       # 创建time_y时间对象
print('time_x是否大于等于time_y:',time_x.__ge__(time_y))   # 判断time_x是否大于等于time_y
print('time_x是否小于等于time_y:',time_x.__le__(time_y))   # 判断time_x是否小于等于time_y
print('time_x是否大于time_y:',time_x.__gt__(time_y))       # 判断time_x是否大于time_y
print('time_x是否小于time_y:',time_x.__lt__(time_y))       # 判断time_x是否小于time_y
print('time_x是否等于time_y:',time_x.__eq__(time_y))       # 判断time_x是否等于time_y
print('time_x是否不等于time_y',time_x.__ne__(time_y))      # 判断time_x是否不等于time_y
```

运行结果如下：

```
time_x是否大于等于time_y: False
time_x是否小于等于time_y: True
time_x是否大于time_y: False
time_x是否小于time_y: True
time_x是否等于time_y: False
time_x是否不等于time_y True
```

时间类（time）中的常用方法与日期类（date）几乎相同，这里不再逐个的进行示例介绍，time 类中的常用方法如表 8-6 所示。

表 8-6　time 类中的常用方法

方法与属性	说明
min	该属性提供能够表示的最小时间（datetime.time(0, 0)）
max	该属性提供能够表示的最大时间（datetime.time(23, 59, 59, 999999)）
resolution	time 对象表示时间的间隔单位为分钟
__format__()	将时间对象转化为字符串对象，括号内参数需要填写表 8-2 所示的时间格式代码
strftime()	此方法与 __format__() 方法相同，将时间对象转化为字符串对象
isoformat()	返回符合 ISO 8601 标准（09:18:30.000888）的时间字符串
__str__()	该方法可以简单地获取 time 对象中的时间字符串（09:18:30.000888）

说明

根据 date 类中对应方法的示例，即可获取 time 类所对应的信息。

3. 日期时间类（datetime）

datetime 模块中还包含一个 datetime 类，这个类可以看作 date 类和 time 类的合体，其大部分的方法和属性都继承于这两个类，多数的方法以及属性都可以参考以上两个类中的示例即可。

在 datetime 对象中可以分别获取他自身的时间部分或者是日期部分，在获取相应的信息之前，可以通过 datetime 类中的 now() 方法，获取一个根据当前的日期与时间所创建的 datetime 对象。然后使用这个 datetime 对象即可分别获取对应的时间部分或者是日期部分内容。示例代码如下：

```
import datetime                        # 导入日期时间模块

date_time = datetime.datetime.now()   # 获取根据当前日期与时间所创建的datetime对象
date = date_time.date()               # 获取日期部分内容
time = date_time.time()               # 获取时间部分内容
print('日期部分内容: ',date)           # 输出日期部分内容
print('时间部分内容: ',time)           # 输出时间部分内容
```

运行结果如下：

```
日期部分内容: 2019-03-07
时间部分内容: 13:45:14.356121
```

8.5 智能停车场数据分析

在实现智能停车场数据分析时，需要先观察停车场数据结构，找到数据中的固定规律，然后根据规律进行数据的分析。所以拿到数据文件后，先读取文件并将文件的头部信息打印，观察数据结构的规律性。智能停车场数据头部信息如表 8-7 所示。

表 8-7 智能停车场数据头部信息

索引	cn	timein	timeout	price	state	rps
0	赣 CFF120	2018-01-01 00:03:13	2018-01-01 00:23:52	3	1	99
1	云 N84SU5	2018-01-01 00:09:37	2018-01-01 00:44:54	3	1	99
2	冀 RLDH16	2018-01-01 00:38:08	2018-01-01 00:45:29	3	1	100
3	豫 K869CW	2018-01-01 00:52:53	2018-01-01 00:59:04	3	1	100
4	新 QWWA64	2018-01-01 01:20:37	2018-01-01 01:24:10	3	1	100

以上停车场数据头部信息中，cn 为车牌号码；timein 为车辆进入停车场的时间；timeout 为车辆驶出停车场的时间；price 为停车所交费用；state 标记为 1 时说明车辆已经交费并驶出，state 标记为 0 时说明车辆还未驶出停车场；rps 为当前空余车位的数量。

8.5.1 停车时间数据分布图

在实现停车时间数据分布图时，需要考虑选用哪种方式来确定停车时间，从以上的停车场数据头部信息中可以发现计费方式为每小时 3 元，所以当数据中 "price" 列对应为 3 时可以判断为停车 1 小时。根据此规律可以分别获取停车时间为 1 小时、2 小时、3~5 小时、6~10 小时、11~12 小时以及停车 12 小时以上的停车数量，根据统计出的各时段停车数量后实现图表的绘制。具体步骤如下。

停车时间数据
分布图

（1）自定义用于处理时间的 TimeUtil.py 文件，该文件中的 get_week_numbeer()方法用于实现获取指定日期时间为星期几。代码如下：

```python
# 引入模块
import datetime

# 返回星期几标记 0代表星期一 1代表星期二...6代表星期天
def get_week_numbeer(date):
    date = datetime.datetime.strptime(date, "%Y-%m-%d %H:%M:%S")
    day = date.weekday()
    return day
```

（2）创建 sjfb()方法，该方法用于实现停车时间分布数据的统计并将统计结果以条形图的可视化方式显示出来。代码如下：

```python
# 停车时间分布
def sjfb():
    # 图表标题
    plt.title("停车时间分布图")
    # 设置x轴信息
    labels_x = ['1小时','2小时','3-5小时','6-10小时','11-12小时','12小时以上']
    # 获取表中数据判断车辆停车时间
    df1 = pi_table.loc[(pi_table['price'] == 3)]      # 停车1小时
    df2 = pi_table.loc[(pi_table['price'] == 6)]      # 停车2小时
    # 停车3~5小时
    df3 = pi_table.loc[(pi_table['price']>6)&(pi_table['price']<=15)]
    # 停车6-10小时
    df4 = pi_table.loc[(pi_table['price']>15)&(pi_table['price']<=30)]
    # 停车11~12小时
    df5 = pi_table.loc[(pi_table['price']>30)&(pi_table['price']<=36)]
    df6 = pi_table.loc[(pi_table['price']>36)]       # 停车12小时以上
    # 停车各时间段停车数量
    y=[len(df1),len(df2),len(df3),len(df4),len(df5),len(df6)]
    plt.bar(labels_x,y)          # 绘制条形图
    # 为每一个图形加数值标签
    for x, y in enumerate(y):
        plt.text(x, y + 30, str(y)+'台', ha='center')
    plt.show()    # 显示条形图窗体
```

（3）在 Pygame 窗口主线程的循环中创建触发显示"停车时间分布"窗口的按钮，然后将"停车时间分布"按钮绘制在 Pygame 窗口的指定位置。关键代码如下：

```python
# 创建"停车时间分布"按钮
btn1 = btn.Button(screen, (90, 50), 140, 60, BLUE, WHITE, "停车时间分布", 20)
# 绘制"停车时间分布"按钮
btn1.draw_button()
```

（4）判断鼠标在窗口中单击"停车时间分布"按钮时调用 sjfb()方法显示"停车时间分布"的条形统计图窗口。关键代码如下：

```python
# 判断单击
        elif event.type == pygame.MOUSEBUTTONDOWN:
            # 鼠标单击位置
            if 20 <= event.pos[0] and event.pos[0] <= 90+70 \
                    and 20 <= event.pos[1] and event.pos[1] <= 50+30:
                sjfb() # 停车时间分布
```

```
          pass
```

（5）运行主窗口，单击"停车时间分布"按钮将显示图 8-13 所示的"停车时间分布"统计图。

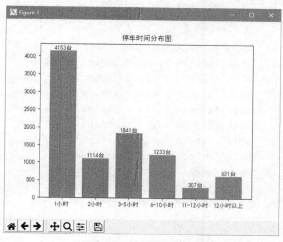

图 8-13　停车时间分布图

通过图 8-13 所示的停车时间分布图，可以很清楚地看出停车场中停车时间为 1 小时的车辆最多，达到了 4153 台。

8.5.2　停车高峰时间所占比例

在实现分析停车高峰时间所占比例时，需要先将每个时间段的停车数据单独获取，由于 00:59 分说明该时间为 1 点以内，而 01:59 为 2 点以内的时间范围，例如获取 0-3 点的停车数据时需要将以"00:"、"01:"以及"02:"为开头的时间的停车数据获取，然后统计数据长度即可得到该时间内的停车数量，最后根据各时间段的停车数量即可通过饼图统计表显示出停车高峰时间所占的比例。具体步骤如下。

停车高峰时间
所占比例

（1）创建 tcgf() 方法，该方法用于实现停车高峰时间所占比例的统计并将统计结果以饼图的可视化方式显示出来。代码如下：

```
# 停车高峰时间
def tcgf():
    # 图表标题
    plt.title("停车高峰时间所占比例")
    # 设置x轴数据
    labels = ['0-3点','3-6点','6-9点','9-12点','12-15点','15-18点',
            '18-21点','21-00点']
    # 根据时间获取y轴数据
    kk0 = pi_table[pi_table['timein'].str.contains(' 00:')]
    kk1 = pi_table[pi_table['timein'].str.contains(' 01:')]
    kk2 = pi_table[pi_table['timein'].str.contains(' 02:')]
    kk3 = pi_table[pi_table['timein'].str.contains(' 03:')]
    kk4 = pi_table[pi_table['timein'].str.contains(' 04:')]
    kk5 = pi_table[pi_table['timein'].str.contains(' 05:')]
    kk6 = pi_table[pi_table['timein'].str.contains(' 06:')]
```

```
kk7 = pi_table[pi_table['timein'].str.contains(' 07:')]
kk8 = pi_table[pi_table['timein'].str.contains(' 08:')]
kk9 = pi_table[pi_table['timein'].str.contains(' 09:')]
kk10 = pi_table[pi_table['timein'].str.contains(' 10:')]
kk11 = pi_table[pi_table['timein'].str.contains(' 11:')]
kk12 = pi_table[pi_table['timein'].str.contains(' 12:')]
kk13 = pi_table[pi_table['timein'].str.contains(' 13:')]
kk14 = pi_table[pi_table['timein'].str.contains(' 14:')]
kk15 = pi_table[pi_table['timein'].str.contains(' 15:')]
kk16 = pi_table[pi_table['timein'].str.contains(' 16:')]
kk17 = pi_table[pi_table['timein'].str.contains(' 17:')]
kk18 = pi_table[pi_table['timein'].str.contains(' 18:')]
kk19 = pi_table[pi_table['timein'].str.contains(' 19:')]
kk20 = pi_table[pi_table['timein'].str.contains(' 20:')]
kk21 = pi_table[pi_table['timein'].str.contains(' 21:')]
kk22 = pi_table[pi_table['timein'].str.contains(' 22:')]
kk23 = pi_table[pi_table['timein'].str.contains(' 23:')]
# 设置数据信息
x = [(len(kk0)+len(kk1)+len(kk2)),(len(kk3)+len(kk4)+len(kk5)),
    (len(kk6)+len(kk7)+len(kk8)),( len(kk9)+len(kk10)+len(kk11)),
    (len(kk12)+len(kk13)+len(kk14)),(len(kk15)+len(kk16)+len(kk17)),
    (len(kk18)+len(kk19)+len(kk20)),(len(kk21)+len(kk22)+len(kk23))]
# 设置饼图,autopct保留1位小数点
plt.pie(x, labels=labels, autopct='%1.1f%%')
plt.axis('equal')  # 该行代码使饼图长宽相等
# 显示图例
plt.legend(loc="upper right", fontsize=10,bbox_to_anchor=(1.1, 1.05),borderaxespad=
0.3)
plt.show()  # 显示图表
pass
```

（2）在 Pygame 窗口主线程的循环中创建触发显示"停车高峰时间所占比例"窗口的按钮，然后将"停车高峰时间"按钮绘制在 Pygame 窗口的指定位置。关键代码如下：

```
# 创建停车高峰时间按钮
btn2 = btn.Button(screen, (90, 130), 140, 60, BLUE, WHITE, "停车高峰时间", 20)
# 绘制停车高峰时间的按钮
btn2.draw_button()
```

（3）判断鼠标在窗口中单击"停车高峰时间"按钮时调用 tcgf()方法显示"停车高峰时间所占比例"的饼图窗口。关键代码如下：

```
# 判断单击"停车高峰时间"按钮
elif 20 <= event.pos[0] and event.pos[0] <= 90+70 \
    and 100 <= event.pos[1] and event.pos[1] <= 130+30:
    tcgf()   # 停车高峰时间
    pass
```

（4）运行主窗口，单击"停车高峰时间"按钮将显示图 8-14 所示的"停车高峰时间所占比例"统计图。

通过图 8-14 所示的停车高峰时间所占比例统计图，可以很清楚地看出，在早高峰时间 6~9 点这个时间段，为停车场的停车高峰时间。

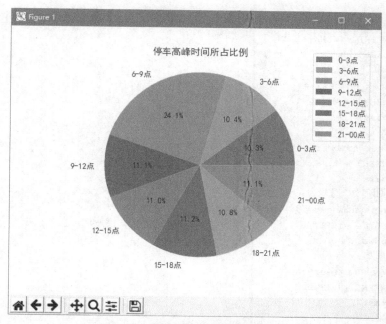

图 8-14　停车高峰时间所占比例统计图

8.5.3　每周繁忙统计

每周繁忙统计

在实现每周繁忙统计时，需要考虑到一周为七天，所以需要将周一至周日的所有数据分别统计。然后将统计后的数据作为绘制饼图的参数，最后实现周繁忙统计饼图的绘制工作即可。具体步骤如下。

（1）创建 fmtj() 方法，该方法用于实现停车场周繁忙数据的统计并将统计结果以饼图的可视化方式显示出来。代码如下：

```python
# 周繁忙统计
def fmtj():
    # 获取列表中rps（车位剩余）列为0的所有数据
    fmdfs = pi_table.loc[pi_table['state'] ==1]
    # 转换数据为列表
    fmdfs=fmdfs.values
    # x轴数据
    WEEK = ['周一','周二','周三','周四','周五','周六','周日']
    WEEK1 = 0    # 星期一
    WEEK2 = 0    # 星期二
    WEEK3 = 0    # 星期三
    WEEK4 = 0    # 星期四
    WEEK5 = 0    # 星期五
    WEEK6 = 0    # 星期六
    WEEK7 = 0    # 星期日
    # 循环数据列表
    for fmdf in fmdfs:
        # 判断数据是星期几
        week_numbeer= get_week_numbeer(fmdf[1])
        # 星期一
```

```
        if week_numbeer==0:
            WEEK1 = WEEK1+1
            pass
    # 星期二
        if week_numbeer==1:
            WEEK2 = WEEK2+1
            pass
    # 星期三
        if week_numbeer==2:
            WEEK3 = WEEK3+1
            pass
    # 星期四
        if week_numbeer==3:
            WEEK4 = WEEK4+1
            pass
    # 星期五
        if week_numbeer==4:
            WEEK5 = WEEK5+1
            pass
    # 星期六
        if week_numbeer==5:
            WEEK6 = WEEK6+1
            pass
    # 星期日
        if week_numbeer==6:
            WEEK7 = WEEK7+1
            pass
    pass
# 数据信息
WEEK_VAULE=[WEEK1,WEEK2,WEEK3,WEEK4,WEEK5,WEEK6,WEEK7]
plt.title("周繁忙统计")              # 设置标题
plt.pie(WEEK_VAULE, labels=WEEK, autopct='%1.1f%%')   # 绘制饼图
plt.axis('equal')   # 该行代码使饼图长宽相等
# 显示图例
plt.legend(loc="upper right", fontsize=10, bbox_to_anchor=(1.1, 1.05), borderaxespad=
0.3)
plt.show()   # 显示图表
```

（2）在 Pygame 窗口主线程的循环中创建触发显示"周繁忙统计"窗口的按钮，然后将"周繁忙统计"按钮绘制在 Pygame 窗口的指定位置。关键代码如下：

```
# 创建"周繁忙统计"按钮
btn3 = btn.Button(screen, (90, 210), 140, 60, BLUE, WHITE, "周繁忙统计", 20)
# 绘制"周繁忙统计"按钮
btn3.draw_button()
```

（3）判断鼠标在窗口中单击"周繁忙统计"按钮时调用 fmtj()方法，显示"周繁忙统计"的饼图窗口。关键代码如下：

```
# 判断单击"周繁忙统计"按钮
elif 20 <= event.pos[0] and event.pos[0] <= 90+70 \
        and 180 <= event.pos[1] and event.pos[1] <= 210 + 30:
    fmtj()    # 周繁忙统计
    pass
```

（4）运行主窗口，单击"周繁忙统计"按钮将显示图 8-15 所示的停车场周繁忙统计图。

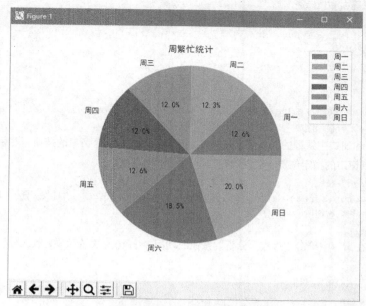

图 8-15　停车场周繁忙统计图

 说明

通过图 8-15 所示的停车场周繁忙统计图，可以看出周六与周日占据了整周停车场繁忙率的 38.5%，所以周末两天停车场的繁忙程度要比平时高出很多。

8.5.4　月收入分析

月收入分析

在实现停车场月收入分析时，需要考虑到筛选每个月的停车数据，然后通过 sum() 函数计算每个月的总收入，再将每个月的总收入相加即可获得停车场的所有收入，最后将统计的收入数据通过条形统计图进行可视化数据的显示即可。具体步骤如下。

（1）创建 ysrfx() 方法，该方法用于实现停车场月收入数据的统计并将统计结果以条形图的可视化方式显示出来。代码如下：

```
# 收入分析（月）
def ysrfx():
    srdf = pi_table.loc[pi_table['state'] == 1]
    # 筛选每月数据
    kk1 = srdf[srdf['timeout'].str.contains('2018-01')]
    kk2 = srdf[srdf['timeout'].str.contains('2018-02')]
    kk3 = srdf[srdf['timeout'].str.contains('2018-03')]
    # 计算价格和
    price1 = kk1['price'].sum()
    price2 = kk2['price'].sum()
    price3 = kk3['price'].sum()
    labels_x = ['1月', '2月', '3月']
    y = [price1, price2, price3]
    # 设置柱状图
```

147

```
plt.bar(labels_x,y)
# 为每一个图形加数值标签
for x, y in enumerate(y):
    plt.text(x, y + 300, str(y)+'元', ha='center')
# x,y轴显示文字
plt.xlabel('月份')
plt.ylabel('元')
# 设置标题
plt.title("2018年1-3月收入分析-总收入："+str(price1+ price2+price3)+"元")
plt.show()  # 显示图表
```

（2）在 Pygame 窗口主线程的循环中创建触发显示"月收入分析"窗口的按钮，然后将"月收入分析"按钮绘制在 Pygame 窗口的指定位置。关键代码如下：

```
# 创建"月收入分析"按钮
btn4 = btn.Button(screen, (250, 50), 140, 60, BLUE, WHITE, "月收入分析", 20)
# 绘制"月收入分析"按钮
btn4.draw_button()
```

（3）判断鼠标在窗口中单击"月收入分析"按钮时调用 ysrfx()方法显示"月收入分析"的条形统计图窗口。关键代码如下：

```
# 判断单击"月收入分析"按钮
elif 180 <= event.pos[0] and event.pos[0] <= 250+70 \
        and 20 <= event.pos[1] and event.pos[1] <= 50+30:
    ysrfx()  # 收入分析（月）
    pass
```

（4）运行主窗口，单击"月收入分析"按钮将显示图 8-16 所示的"2018 年 1-3 月收入分析"统计图。

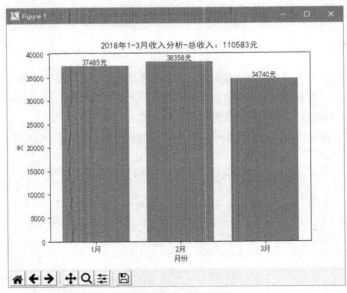

图 8-16　2018 年 1-3 月收入分析统计图

说明

通过图 8-16 所示的 2018 年 1-3 月收入分析统计图，可以看出停车场每个月的收入都很可观，其中 2 月份的收入较为突出。

8.5.5　每日接待车辆统计

在实现每日接待车辆统计时，需要考虑从 2018-01-01 起至 2018-03-31，循环遍历每一天的日期时间，然后再统计符合每天日期的停车数量，最后根据每天日期与对应的停车数量绘制一个折线图即可。具体步骤如下。

（1）创建 cljd() 方法，该方法用于实现停车场每日接待车辆数据的统计并将统计结果以折线图的可视化方式显示出来。代码如下：

```python
# 每日接待车辆统计
def cljd():
    # 获取列表中state（车辆状态）列1为出停车场
    tcdf = pi_table.loc[pi_table['state'] == 1]
    # 循环的开始与结束时间
    start = '2018-01-01'
    end = '2018-03-31'
    # 转换开始与结束时间类型
    datestart = datetime.datetime.strptime(start, '%Y-%m-%d')
    dateend = datetime.datetime.strptime(end, '%Y-%m-%d')
    VALUE=[]    # 数据列表
    DATE=[]     # 日期列表
    # 循环日期
    while datestart <= dateend:
        # 判断当前日期出车库的车辆多少
        kk = tcdf[tcdf['timeout'].str.contains(datestart.strftime('%Y-%m-%d'))]
        # 设置x轴数据按照天划分
        DATE.append(datestart.strftime('%Y-%m-%d'))
        # 日期对应的出车库车辆数
        VALUE.append(len(kk))
        # 按照天循环日期
        datestart += datetime.timedelta(days=1)
    #绘制折线图并填充数据
    plt.plot(DATE,VALUE)
    plt.xticks([])#隐藏x轴刻度
    plt.xlabel('2018-01-01至2018-03-31')  # 显示日期范围
    # 设置标题
    plt.title('每日接待车辆统计')
    plt.show()    # 显示图表
    pass
```

（2）在 Pygame 窗口主线程的循环中创建触发显示"每日接待车辆统计"窗口的按钮，然后将"接待车辆统计"按钮绘制在 Pygame 窗口的指定位置。关键代码如下：

```python
# 创建"接待车辆统计"按钮
btn5 = btn.Button(screen, (250, 130), 140, 60, BLUE, WHITE, "接待车辆统计", 20)
# 绘制"接待车辆统计"按钮
btn5.draw_button()
```

（3）判断鼠标在窗口中单击"接待车辆统计"按钮时调用 cljd() 方法显示"每日接待车辆统计"的折线统计图窗口。关键代码如下：

```python
# 判断单击"接待车辆统计"按钮
elif 180 <= event.pos[0] and event.pos[0] <= 250+70 \
        and 100 <= event.pos[1] and event.pos[1] <= 130 + 30:
```

```
    cljd()    # 每日接待车辆统计
    pass
```

（4）运行主窗口，单击"接待车辆统计"按钮将显示图 8-17 所示的"每日接待车辆"统计的折线图。

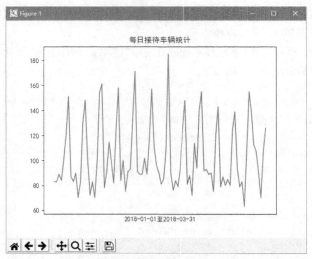

图 8-17   每日接待车辆统计的折线图

通过图 8-17 所示的每日接待车辆统计的折线图，可以很直观地看出 2018-01-01 至 2018-03-31
每一天停车场接待的车辆数。

8.5.6　车位使用率

车位使用率

在实现车位使用率数据统计时与每日接待车辆统计的方式类似，都需要将从
2018-01-01 起至 2018-03-31，循环遍历每一天的日期时间，然后用停车场车位总数
100 减去当前车位空余数量的平均值，再进行百分比的格式化，最后将每天停车场车位
使用率绘制成折线图即可。具体步骤如下。

（1）创建 lyl() 方法，该方法用于实现停车场每日车位利用率数据的统计并将统计结果以折线图的可视化
方式显示出来。代码如下：

```
# 车位每天利用率
def lyl():
    # 获取列表中state（车辆状态）列1为出停车场
    tcdf = pi_table.loc[pi_table['state'] == 1]
    # 循环的开始与结束时间
    start = '2018-01-01'
    end = '2018-03-31'
    # 转换开始与结束时间类型
    datestart = datetime.datetime.strptime(start, '%Y-%m-%d')
    dateend = datetime.datetime.strptime(end, '%Y-%m-%d')
    VALUE = []                              # 数据列表
    DATE = []                               # 日期列表
    while datestart <= dateend:
        # 判断当前日期出车库的车辆多少
```

```
                kk = tcdf[tcdf['timeout'].str.contains(datestart.strftime('%Y-%m-%d'))]
                DATE.append(datestart.strftime('%Y-%m-%d'))    # 将日期添加至列表中
                yh =100- kk['rps'].mean()                      # 计算每天车位使用率
                VALUE.append(yh)                               # 添加至数据列表中
                # 按照天循环日期

                datestart += datetime.timedelta(days=1)
    # 绘制折线图并填充数据

    plt.plot(DATE, VALUE)
    # yticks格式化为百分比

    def to_percent(temp, position):
        return '%1.0f' % (temp) + '%'
    # 格式化yticks, 以百分比的方式显示

    plt.gca().yaxis.set_major_formatter(FuncFormatter(to_percent))
    plt.xticks([])    # 隐藏x轴刻度
    plt.xlabel('2018-01-01至2018-03-31') # 显示日期范围
    plt.title('车位利用率')               # 设置标题
    plt.show()                            # 显示图表
    pass
```

（2）在 Pygame 窗口主线程的循环中创建触发显示"车位利用率"窗口的按钮，然后将"车位利用率"按钮绘制在 Pygame 窗口的指定位置。关键代码如下：

```
# 创建"车位利用率"按钮
btn6 = btn.Button(screen, (250, 210), 140, 60, BLUE, WHITE, "车位利用率", 20)
# 绘制"车位利用率"按钮
btn6.draw_button()
```

（3）判断鼠标在窗口中单击"车位利用率"按钮时调用 lyl()方法显示"车位利用率"的折线统计图窗口。关键代码如下：

```
# 判断单击"车位利用率"按钮
elif 180 <= event.pos[0] and event.pos[0] <= 250+70 \
        and 180 <= event.pos[1] and event.pos[1] <= 210 + 30:
    lyl()    # 车位每天利用率
    pass
```

（4）运行主窗口，单击"车位利用率"按钮将显示图 8-18 所示的统计"车位利用率"的折线图。

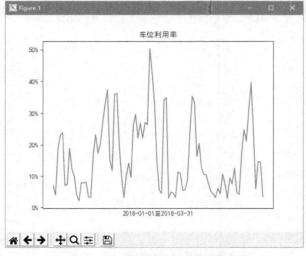

图 8-18　统计车位利用率的折线图

通过图 8-18 所示的统计车位利用率的折线图，可以看出在 2018-01-01 至 2018-03-31 的时间范围内其中的某一天停车场车位利用率达到了 50%左右。

小 结

　　本章主要使用 Python 开发了一个智能停车场运营分析系统，该系统主要应用 pandas 与 Matplotlib 模块来实现。其中 pandas 模块主要用于实现数据的预处理以及数据的分类等，而 Matplotlib 模块主要用于将分析后的文字数据绘制成图表，从而形成更直观的可视化数据。在实现数据分析的过程中，时间格式的转换是本章比较重要的学习内容，希望读者熟练掌握技术准备中的基础知识，然后将技术准备中的基础知识融入到其他项目当中。

习 题

8-1　简述 Pygame 模块主要应用于 Python 开发的哪个方向。

8-2　Pygame 模块中都有哪些常用的子模块？列举五个以上即可。

第9章

影视作品分析

■ 本章将通过 Python 语言开发一个影视作品分析项目，从而对影视作品的评价进行分析。

本章要点

- 使用PyQt5搭建应用窗体
- 应用urllib.request模块爬取影评数据
- jieba模块的基本使用方法
- 使用wordcloud库实现词云图
- 生成全国热力图
- 生成柱型-折线图

9.1 需求分析

需求分析

根据影视作品分析项目的需求，该项目将具备以下功能。

- ❑ 可以选择电影。
- ❑ 可以通过数据分析电影。
- ❑ 通过柱型-折线图显示城市评论数及平均分。
- ❑ 以热力图显示评论的分布。
- ❑ 生成评论内容的词云图。

9.2 系统设计

9.2.1 系统功能结构

系统设计

影视作品分析主要分为功能类设计和设计两部分，其中，功能类设计主要是先通过 request 模块获取数据，再使用 pandas 模块把数据生成文件，然后，使用 pyecharts 等模块根据我们的文件内容生成我们需要的分析图表，而设计主要是调用功能类来显示主窗口以及显示生成的分析图表。影视作品详细功能结构如图 9-1 所示。

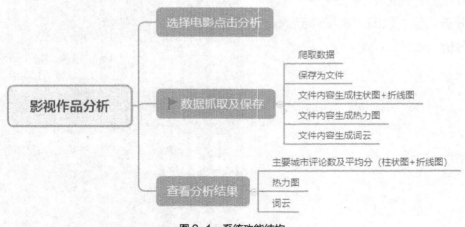

图 9-1 系统功能结构

 图中有 ▶ 图标标注的，为本系统核心功能。

9.2.2 系统业务流程

在开发影响作品分析项目前，需要先了解该软件的业务流程。根据该项目的需求分析及功能结构，设计出图 9-2 所示的系统业务流程图。

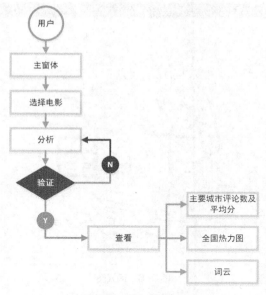

图 9-2　系统业务流程

9.2.3　系统预览

　　影视作品分析的功能：首先我们要在主窗体中选择要分析的电影名称，如图 9-3 所示；选择电影名称后单击"分析"按钮，分析完成后会显示出可查看的内容，如图 9-4 所示；单击"查看"按钮后开启新的窗体显示对应的分析图表，如单击主要城市评论数及平均分后面"查看"按钮开启新窗体显示分析图表，如图 9-5 所示；单击词云后面"查看"按钮开启新窗体显示分析图表，如图 9-6 所示。

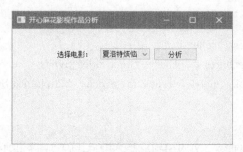

图 9-3　选择电影名称

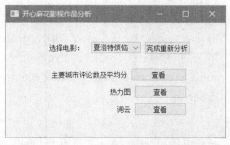

图 9-4　单击"分析"按钮后显示可查看内容

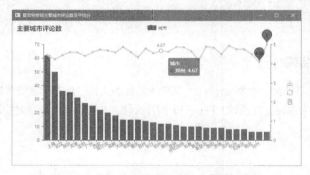

图 9-5　主要城市评论数及平均分的分析图表

图 9-6　词云图

9.3　系统开发必备

系统开发必备

9.3.1　开发环境及工具

本系统的软件开发及运行环境具体如下。

❑　操作系统：Windows 7、Windows 10。

❑　Python 版本：Python 3.7。

❑　开发工具：PyCharm。

❑　Python 内置模块：os、sys、JSON、urllib.request、collections。

❑　第三方模块：PyQt5、pyqt5-tools、pyecharts、echarts_china_cities_pypkg、echarts_china_provinces_pypkg、echarts_countries_pypkg、jieba、wordcloud、pandas、Matplotlib、SciPy、imageio。

说明

在使用 pyecharts 模块时，需要 echarts_china_cities_pypkg、echarts_china_provinces_pypkg 和 echarts_countries_pypkg 三个模块的支持，所以尽管项目中没有导入这几个模块，也需要应用 pip 命令进行安装。

9.3.2　文件夹组织结构

影视作品分析项目主要包含：一个 main.py 文件为功能类文件，所有的项目代码都在其中；一个窗体的 UI 文件 main.ui，该文件为主窗体的设计文件；一个图片文件，在生成词云图表时使用。影视作品分析项目详细结构如图 9-7 所示。

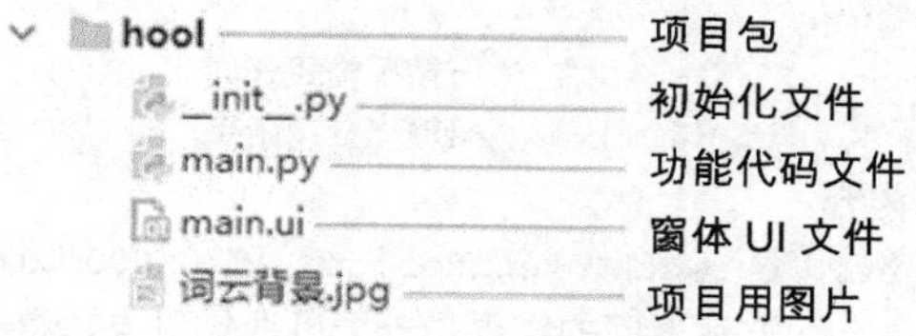

```
    hool ──────────────  项目包
    __init__.py ──────────  初始化文件
    main.py ──────────────  功能代码文件
    main.ui ──────────────  窗体 UI 文件
    词云背景.jpg ──────────  项目用图片
```

图 9-7　文件夹组织结构

9.4　技术准备

使用 jieba 模块
进行分词

9.4.1　使用 jieba 模块进行分词

　　jieba 模块是一个强大的 Python 分词库，可以对简体中文、繁体中文进行分词。下面将详细介绍如何使用该模块。

1. 特点

　　jieba 模块主要有以下 4 个特点。

❑　支持三种分词模式（精确模式、全模式和搜索引擎模式）；

❑　支持繁体分词；

❑　支持自定义词典；

❑　采用 MIT（开源软件许可协议）授权协议。

2. 安装 jieba 模块

　　同其他第三方模块一样，jieba 模块也可以使用 pip 命令进行安装。安装 jieba 模块时，需要先进入到 cmd 窗口中，然后在 cmd 窗口中执行如下命令代码：

```
pip install jieba
```

安装 jieba 模块以后，就可以在 Python 文件中使用 import jieba 语句引用该模块，之后就可以使用该模块对指定内容进行分词了。

3. 使用 jieba 模块进行分词

　　jieba 模块提供了三种分词模式，分别是精确模式、全模式模式和搜索引擎模式。下面对这三种分词模式进行详细介绍。

❑　精确模式

采用精确模式时，会将句子进行最精确的切分，从而让结果更适合文本分析。采用精确模式分词时使用 jieba 模块的 cut()方法或者 lcut()方法实现。cut()方法的基本语法格式如下：

```
jieba.cut(sentence, cut_all=False, HMM=True)
```

参数说明如下。

● sentence：用于指定要进行分词的字符串；

● cut_all：用于指定模式类型。全模式为 True，精确模式为 False。默认值为 False；

● HMM：是否使用隐马尔可夫模型（Hidden Markov Model，HMM）。

例如，采用精确模式对乔布斯的名言中的"每一件都要做得精彩绝伦"进行分词，可以使用下面的代码：

```
import jieba                         # 导入中文分词模块

'''精确模式示例'''
print('='*30,'精确分词','='*30)
```

```
motto = '每一件都要做得精彩绝伦'
word_list = jieba.cut(motto)          # 进行精确模式分词
print('精确模式分词的结果：',word_list) # 直接输出分词结果
```

执行上面的代码将输出以下内容：

精确模式分词的结果：<generator object Tokenizer.cut at 0x0000016B4FDD6930>

从上面的结果可以看出 jieba.cut()方法返回的结果是一个可迭代对象。想要查看它的具体内容可以通过循环遍历输出，也可以将其转换为列表或者元组进行输入。例如，可以使用下面的代码将其转换为列表。

```
print('精确模式分词的结果：',list(word_list)) # 转换为列表进行输出
```

将显示图 9-8 所示的运行结果。

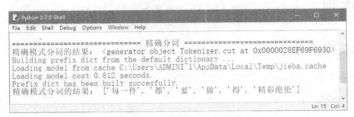

图 9-8　显示精确模式的分词结果

lcut()方法的语法格式和 cut()方法一样，所不同的是 lcut()方法的输出结果为 list 列表对象。所以在使用该方法时，就不需要再转换为列表对象了。

❑　全模式

采用全模式时，会把文本中所有可能的词语都扫描出来，这样做可能会有冗余。实现全模式分词时也是使用 jieba 模块的 cut()方法或 lcut()方法实现的，只不过将其中的 cut_all 参数值设置为 True。

例如，采用全模式对乔布斯的名言中的“每一件都要做得精彩绝伦”进行分词，可以使用下面的代码：

```
import jieba                          # 导入中文分词模块

'''全模式示例'''
print('='*30,'全分词','='*30)
motto = '每一件都要做得精彩绝伦'
word_list = jieba.cut(motto,cut_all=True)  # 进行全模式分词
print('全模式分词的结果：',list(word_list))    # 转换为列表进行输出
```

执行上面的代码将显示图 9-9 所示的运行结果。

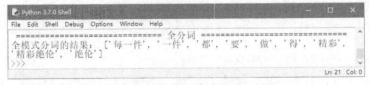

图 9-9　显示全模式的分词结果

从图 9-9 和图 9-10 所示的分词结果可以看出，在进行全模式分词时，把每一个可能是词的词都进行了分词。例如，“每一件”和“一件”都是一个词，还有“精彩”和“精彩绝伦”也都是一个词。在进行精确分词时，会把最大限度的词作为一个词进行切分。

❑ 搜索引擎模式

采用搜索引擎模式时，会在精确模式的基础上对长词再次切分。采用搜索引擎模式分词时使用 jieba 模块的 cut_for_search() 方法或者 lcut_for_search() 方法实现。cut_for_search() 方法的基本语法格式如下：

```
jieba.cut_for_search(sentence,HMM=True)
```
参数说明如下：

● sentence：用于指定要进行分词的字符串；

● HMM：是否使用隐马尔可夫模型。

例如，采用搜索引擎模式对乔布斯的名言中的"每一件都要做得精彩绝伦"进行分词，可以使用下面的代码：

```
import jieba                                    # 导入中文分词模块

'''搜索引擎模式示例'''
print('='*30,'搜索引擎模式分词','='*30)
motto = '每一件都要做得精彩绝伦'
word_list = jieba.cut_for_search(motto)        # 进行搜索引擎模式分词
print('搜索引擎模式分词的结果: ',list(word_list)) # 转换为列表进行输出
```

执行上面的代码将显示图 9-10 所示的运行结果。

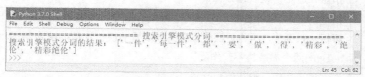

图 9-10　显示搜索引擎模式的分词结果

lcut_for_search() 方法的语法格式和 cut_for_search() 方法一样，所不同的是 lcut_for_search() 方法的输出结果为 list 列表对象。所以在使用该方法时，就不需要再转换为列表对象了。

9.4.2　使用 wordcloud 库实现词云图

在大数据的时代，词云图是很常见的。例如，9.2.3 节的图 9-6 所示的即为词云图。在 Python 中，想要实现词云图可以使用第三方库 wordcloud。它是 Python 中一个优秀的词云展示库。通过它可以生成词云图。下面将详细介绍如何使用该模块。

使用 wordcloud 库
实现词云图

1. 安装 wordcloud 模块

同其他第三方模块一样，wordcloud 模块也可以使用 pip 命令进行安装。安装 wordcloud 模块时，需要先进入到 cmd 窗口中，然后在 cmd 窗口中执行如下命令代码。

```
pip install wordcloud
```

安装 wordcloud 模块以后，就可以在 Python 文件中使用 import wordcloud 语句引用该模块，之后就可以使用该模块对指定内容生成词云图了。

wordcloud 模块需要 Matplotlib 模块的支持。所以如果电脑中没有安装该模块需要提前安装，具体安装方法请参见 4.1.1 节。

2. 使用 wordcloud 模块生成词云图

使用 wordcloud 模块生成词云图大致可以分为以下步骤。

（1）创建词云对象。创建词云对象的基本语法格式如下：

```
w = wordcloud.WordCloud(font_path=None, width=400, height=200, margin=2,
        mask=None,max_words=200, min_font_size=4, max_font_size=None,
        random_state=None, background_color='black',mode="RGB", repeat=False)
```

由于 WordCloud() 的构造方法的参数是通过关键字参数指定的，所以不需要记住它们的位置，只需要记住关键字名即可。常用的关键字参数如表 9-1 所示。

表 9-1　WorldCloud() 的关键字参数

关键字参数	说明
font_path	指定使用的字体路径。如果词云文本中包括中文，则需要指定要使用的字体，否则中文将显示乱码
width	指定要生成的词云图的宽度，单位为像素，不需要指定单位。默认值为 400 像素
height	指定要生成的词云图的高度，单位为像素，不需要指定单位。默认值为 200 像素
margin	指定外边距，默认为 2 像素
mask	指定词云的形状。默认为长方形。如果想指定为其他形状需要使用 imageio.imread() 解析一张图片，再将返回值设置为该参数的值。注意：设置 mask 参数后，width 和 height 两个参数将不起作用
max_words	指定最大词数，默认值为 200 个
min_font_size	最小字号，默认为 4 号字
max_font_size	最大字号，默认为 4 号字
random_state	为每个词返回一个 PIL 颜色
background_color	指定背景颜色，默认为黑色
mode	指定颜色模式，默认为 RGB
repeat	指定文本是否重复，默认为不重复，设置为 True 表示重复

在创建词云对象时，需要注意字母的大小写。

例如，创建一个以默认形状显示的白色背景的词云对象，可以使用下面的代码：

```
import wordcloud               # 导入词云模块
w = wordcloud.WordCloud(
    background_color="white",  # 白色背景
                         )     # 创建词云对象
```

（2）指定加载的词云文本。

创建词云对象后，需要指定要加载的词云文本。词云文本以空格分隔单词或词语，在统计时，自动按单词出现的次数进行过滤，出现次数多的字号比较大。指定加载的词云文本可以使用词云对象的 generate() 方法实现。generate() 方法的语法格式如下：

```
w.generate(txt)
```

参数 txt 用于指定要加载的文本，即词云文本。

例如，通过下面的代码可以指定词云文本：

```
w.generate('梦想 Python 创新 青春 Java Android 人生 苦短 我用Python 敬业 爱国 富强 民主 和谐')
                                                      # 指定加载文本
```

（3）输出词云到图片文件。

使用词云对象的 to_file() 方法可以将生成的词云图保存为图片，代码如下：

```
w.to_file('picture.png')  # 保存图片
```

通过以上 3 个步骤生成的图片，如图 9-11 所示。

图 9-11　生成的词云图

从图 9-12 所示的词云图可以看出，中文词汇显示乱码。解决的方法是，在创建词云对象时，指定使用的字体。要以使用的字体可以到系统盘的 Windows\Fonts 目录下查找，例如，如果系统盘为 C 盘，则对应的路径为 C:\Windows\Fonts。在该目录下，复制想要使用的字体文件，然后在 IDLE 中直接粘贴到代码中，此时将显示该文件的完整文件名。例如，复制"幼圆　常规"字体，粘贴后将显示"C:/WINDOWS/Fonts/SIMYOU.TTF"。修改后的代码如下：

```
import wordcloud                                       # 导入词云模块
import imageio
w = wordcloud.WordCloud(
    font_path="C:/WINDOWS/Fonts/SIMYOU.TTF",           # 字体
    background_color="white",                          # 白色背景
                        )                              # 创建词云对象
w.generate('梦想 Python 创新 青春 Java Android 人生 苦短 我用Python 敬业 爱国 富强 民主 和谐')
                                                      # 指定加载文本
w.to_file('picture.png')                              # 保存图片
```

运行上面的代码，将显示图 9-12 所示的词云图。

使用 wordcloud 模块还可以生成其他形状的词云图。具体实现方法如下。

（1）准备一张形状图片，如图 9-13 所示。

图 9-12　设置字体后显示的词云图

图 9-13　形状图片

（2）使用 pip 命令安装 imageio 模块，该模块用于解析图片。

（3）修改代码为以下内容，即可显示苹果形状的词云图。

```
import wordcloud                                     # 导入词云模块
import imageio
back_color = imageio.imread('background.jpg')        # 解析该图片
w = wordcloud.WordCloud(
    font_path="C:/WINDOWS/Fonts/SIMYOU.TTF",         # 字体
    background_color="white",                        # 白色背景
    mask = back_color,                               # 设置背景的形状
                        )                            # 创建词云对象
w.generate('梦想 Python 创新 青春 Java Android 人生 苦短 我用Python 敬业 爱国 富强 民主 和谐')
                                                     # 指定加载文本
w.to_file('picture.png')                             # 保存图片
```

运行上面的代码，将生成图 9-14 所示的词云图。

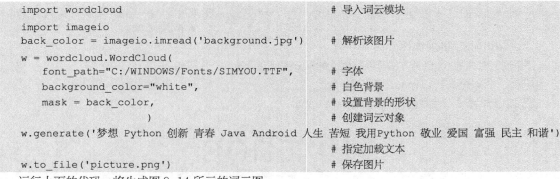

图 9-14　苹果形状的词云图

9.5　主窗体设计

9.5.1　实现主窗体

在实现开心麻花影视作品分析项目时，主窗体主要使用 PyQt5 模块实现。其运行效果如图 9-15 所示。

实现主窗体

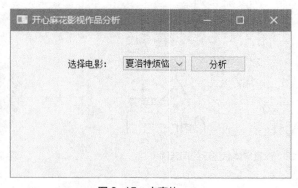

图 9-15　主窗体

要使用 PyQt5 实现初始化主窗体，先要理清初始化主窗体的业务流程和实现技术。根据本模块将要实现的功能，画出初始化主窗体的业务流程如图 9-16 所示。

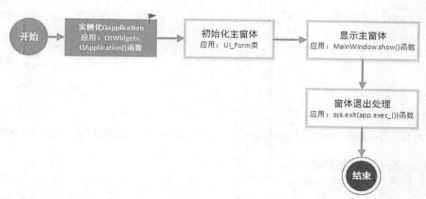

注意：带 🚩 的为重点难点

图 9-16 实现主窗体的业务流程

（1）创建名称为 hool 的项目，在该项目中将自动创建_init_.py，用于初始化项目（在该文件中不编写任何代码）；然后在 Qt Designer 中创建 main.ui 文件，用于绘制主窗体，并且将 main.ui 文件转换为 main.py 文件，用于添加实现影视作品分析的代码。

（2）在 main.py 文件中新建__name__主方法，用以初始化主窗体。代码如下：

```python
# 程序主方法
if __name__ == '__main__':
    app = QtWidgets.QApplication(sys.argv)
    MainWindow = QtWidgets.QMainWindow()
    # 初始化主窗体
    ui = Ui_Form()
    # 调用创建窗体方法
    ui.setupUi(MainWindow)
    # 显示主窗体
    MainWindow.show()
    sys.exit(app.exec_())
```

9.5.2 查看部分的隐藏与显示

要根据自定义的函数实现查看部分的隐藏与显示，先要理清隐藏与查看的实现技术。根据本模块实现的功能，再画出查看部分的隐藏与显示的业务流程如图 9-17 所示。

查看部分的隐藏
与显示

注意：带 🚩 的为重点难点

图 9-17 查看部分的隐藏与显示业务流程

在下拉列表中选择一些新的电影名称后，先判断是否分析过该电影的数据，然后通过创建 hide() 方法和 show() 方法来隐藏或显示查询内容的文本标签和按钮，如图 9-18 和图 9-19 所示。

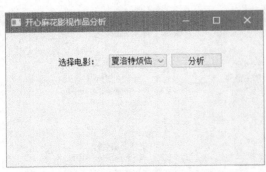
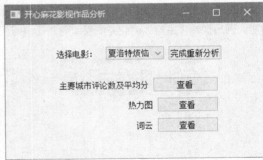

图 9-18　没有数据，隐藏文本标签和按钮　　　　图 9-19　完成数据分析，显示文本标签和按钮

hide() 方法和 show() 方法的代码如下：

```python
# 隐藏查看内容
def hide(self):
    self.pushButton_4.setVisible(False)
    self.label_4.setVisible(False)
    self.pushButton_3.setVisible(False)
    self.label_3.setVisible(False)
    self.label_2.setVisible(False)
    self.pushButton_2.setVisible(False)
# 显示查看内容
def show(self):
    self.pushButton_4.setVisible(True)
    self.label_4.setVisible(True)
    self.pushButton_3.setVisible(True)
    self.label_3.setVisible(True)
    self.label_2.setVisible(True)
    self.pushButton_2.setVisible(True)
```

9.5.3　下拉列表处理

　　实现下拉列表处理，先要理清下拉列表的业务流程和实现技术。下拉列表处理的业务流程如图 9-20 所示。

下拉列表处理

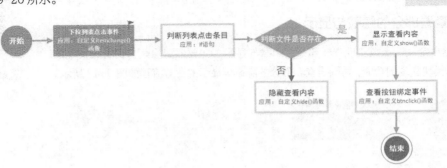

注意：带 ▶ 的为重点难点

图 9-20　下拉列表处理的业务流程

　　在下拉列表里选择要分析的选项后，需要判断是否分析了该电影，分析过的要显示查看部分，没有分析过的要隐藏。首先我们要绑定自定义处理方法 itemchange()，代码如下：

```
# 绑定电影选择处理方法
self.comboBox.activated[str].connect(self.itemchange)
```

在 9.5.1 节定义的程序主方法中，添加获取当前项目所在路径的代码，这里需要使用正则表达式将获取到的路径中的"\"替换为"/"。关键代码如下：

```
d = os.path.dirname(os.path.realpath(sys.argv[0])) + "/"   # 获取当前文件所在路径
d = re.sub(r'\\', '/', d)  # 将路径中的分隔符\替换为/
```

编写 itemchange() 方法用于处理下拉列表选项的改变时隐藏或者显示查询内容。在该项方法中，应用了 os 模块中的 os.path.isfile() 方法来判断 path 是否存在。如果不存在，则隐藏查询的内容；如果存在，则显示查询的内容。代码如下：

```
# 电影选择事件
def itemchange(self,text):
    # 判断下拉列表改变后的内容是什么
    if text =='夏洛特烦恼':
        # 判断文件是否存在
        if not os.path.isfile(d + '夏洛特烦恼词云.png'):
            # 如果文件不存在，则设置按钮显示文字为"分析"
            self.pushButton.setText('分析')
            # 隐藏查看部分的控件
            self.hide()
        else:
            # 如果文件存在，则设置按钮显示文字为"完成重新分析"
            self.pushButton.setText('完成重新分析')
            # 设置影视名称变量内容
            self.moveName = '夏洛特烦恼'
            # 设置影视id变量内容
            self.moveId = '246082'
            # 显示查看部分内容
            self.show()
            # 调用自定义查看按钮绑定事件方法
            self.btnclick()
    if text =='羞羞的铁拳':
        if not os.path.isfile(d + '羞羞的铁拳词云.png'):
            self.pushButton.setText('分析')
            self.hide()
        else:
            self.pushButton.setText('完成重新分析')
            self.moveName = '羞羞的铁拳'
            self.moveId = '1198214'
            self.show()
            self.btnclick()
    if text =='西虹市首富':
        if not os.path.isfile(d + '西虹市首富词云.png'):
            self.pushButton.setText('分析')
            self.hide()
        else:
            self.pushButton.setText('完成重新分析')
            self.moveName = '西虹市首富'
            self.moveId = '1212592'
            self.show()
            self.btnclick()
```

9.6 数据分析与处理

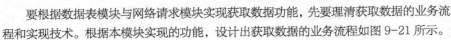

9.6.1 获取数据

要根据数据表模块与网络请求模块实现获取数据功能，先要理清获取数据的业务流程和实现技术。根据本模块实现的功能，设计出获取数据的业务流程如图 9-21 所示。

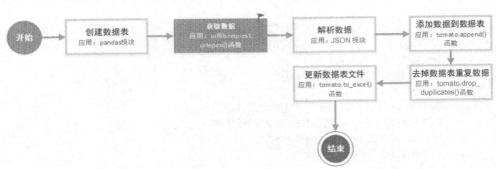

注意：带 🏃 的为重点难点

图 9-21 获取数据的业务流程

在获取数据时，首先需要应用 pandas 模块的 DataFrame() 方法创建一个 DataFrame（数据框）对象用于临时保存读取的数据。然后通过 while 循环以及 urllib.request 模块获取所需数据并以文件形式保存，返回的内容通过 JSON 模块解析数据中有 total 字段，当 total 为 0 的时候就是结束循环的时候，循环结束后，应用 pandas 模块将得到的数据保存到 Excel 文件中。代码如下：

```python
tomato = pd.DataFrame(columns=['date', 'score', 'city', 'comment', 'nick'])
i=1
while True:
    print(i)
    try:
        url = 'http://m.maoyan.com/mmdb/comments/movie/'+self.moveId+'.json?_v_=yes&offset='+ str(i)
        html = urllib.request.urlopen(url)
        # 读取返回内容
        content = html.read()
        total = json.loads(content)['total']
        print(total)
        if total == 0:
            # 结束循环
            break
        else:
            data = json.loads(content)['cmts']
            datah = json.loads(content)['hcmts']
            for item in data:
                tomato = tomato.append(
                    {'date': item['time'].split(' ')[0], 'city': item['cityName'],
                     'score': item['score'],'comment': item['content'],
                     'nick': item['nick']}, ignore_index=True)
```

```
        for item in datah:
            tomato = tomato.append(
                {'date': item['time'].split(' ')[0], 'city': item['cityName'],
                 'score': item['score'],'comment': item['content'],
                 'nick': item['nick']}, ignore_index=True)
        i +=1
    except:
        i += 1
        # 跳出本次循环
        continue
# 去掉重复数据
tomato = tomato.drop_duplicates(subset=['date', 'score', 'city', 'comment', 'nick'],
keep='first')
# 生成.xlsx文件
tomato.to_excel(self.moveName+'.xlsx', sheet_name='data')
```

9.6.2 生成全国热力图文件

生成全国
热力图文件

要根据表数据内容与绘图模块生成全国热力图文件，先要理清生成全国热力图的业务流程和实现技术。根据本模块实现的功能，设计出全国热力图文件的业务流程如图9-22所示。

注意：带 ⚑ 的为重点难点

图 9-22　生成全国热力图文件的业务流程

这里我们使用了 pandas 模块读取文件数据内容，然后使用 pyecharts 模块中的 geo 模块完成热力图的创建，最后使用 render() 函数生成名为"全国热力图"的 HTML 文件保存到本地。代码如下：

```
# 读取文件内容
tomato_com = pd.read_excel(self.moveName+'.xlsx')
grouped = tomato_com.groupby(['city'])
grouped_pct = grouped['score']  # tip_pct列
city_com = grouped_pct.agg(['mean', 'count'])
# reset_index可以还原索引，重新变为默认的整型索引
city_com.reset_index(inplace=True)
# 返回浮点数，返回到后两位
city_com['mean'] = round(city_com['mean'], 2)
data = [(city_com['city'][i], city_com['count'][i]) for i in range(0,city_com.shape[0])]
while flag:
    attr, value = geo.cast(data)
    try:
        geo.add("", attr, value, type="heatmap", visual_range=[0, 50], visual_text_color=
"#fff",
                symbol_size=15, is_visualmap=True, is_roam=False)
        flag = False
    except ValueError as e:
        e = str(e)
```

```
            e = e.split("No coordinate is specified for ")[1]  # 获取不支持的城市名
        for i in range(0, len(data)):
            if e in list(data[i]):
                del data[i]
                break
                flag = True
# 生成全国热力图.html文件
geo.render(d + self.moveName+'全国热力图.html')
```

生成主要城市评论数
及平均分文件

9.6.3　生成主要城市评论数及平均分文件

要根据表数据内容与绘图模块生成主要城市评论数及平均分文件，先要理清本模块的业务流程和实现技术。根据本模块实现的功能，设计出生成主要城市评论数及平均分文件的业务流程如图 9-23 所示。

注意：带 ⚑ 的为重点难点

图 9-23　生成主要城市评论数及平均分文件的业务流程

这里我们使用了 pandas 模块读取了文件数据内容，然后使用了 pyecharts 模块中的 Line 与 Bar 模块完成热力图的创建，最后使用 render()函数生成名为"主要城市评论数_平均分"的 HTML 文件保存到本地。代码如下：

```
city_main = city_com.sort_values('count', ascending=False)[0:30]
attr = city_main['city']
v1 = city_main['count']
v2 = city_main['mean']
line = Line("主要城市评分")
line.add("城市", attr, v2, is_stack=True, xaxis_rotate=30, yaxis_min=0,
        mark_point=['min', 'max'], xaxis_interval=0, line_color='lightblue',
        line_width=4, mark_point_textcolor='black', mark_point_color='lightblue',
        is_splitline_show=False)
bar = Bar("主要城市评论数")
bar.add("城市", attr, v1, is_stack=True, xaxis_rotate=30, yaxis_min=0,
        xaxis_interval=0, is_splitline_show=False)
overlap = Overlap()
# 默认不新增 x和y 轴，并且 x和y 轴的索引都为 0
overlap.add(bar)
overlap.add(line, yaxis_index=1, is_add_yaxis=True)
# 生成主要城市评论数_平均分.html文件
overlap.render(d + self.moveName+'主要城市评论数_平均分.html')
```

9.6.4　生成词云图

要根据表数据内容与词云模块生成词云图，先要理清生成词云图的业务流程和实现技术。根据本模块实现的功能，画出生成词云图的业务流程如图 9-24 所示。

本程序导入了 jieba 中文分词模块，该模块支持三种分词模式：精确模式、全模式

生成词云图

和搜索引擎模式。本程序采用搜索引擎模式，即使用 jieba.cut_for_search() 函数将评论的内容切割成若干个分词，然后将其生成词云图，并保存到本地，关键代码如下：

注意：带 ⚑ 的为重点、难点

图 9-24　生成词云图的业务流程

```python
# 评论内容
tomato_str = ' '.join(tomato_com['comment'])
words_list = []
# 分词
word_generator = jieba.cut_for_search(tomato_str)
for word in word_generator:
    words_list.append(word)
words_list = [k for k in words_list if len(k) > 1]
back_color = imread(d + '词云背景.jpg')    # 解析该图片
wc = WordCloud(background_color='white',# 背景颜色
            max_words=200,          # 最大词数
            mask=back_color,        # 以该参数值绘制词云，该参数不为空时，width和height会被忽略
            max_font_size=300,        # 显示字体的最大值
            font_path=" STFANGSO.ttf",  # 字体
            random_state=42,          # 为每个词返回一个PIL颜色
            )
tomato_count = collections.Counter(words_list)
wc.generate_from_frequencies(tomato_count)
# 基于彩色图像生成相应颜色
image_colors = ImageColorGenerator(back_color)
# 绘制词云图
plt.figure()
plt.imshow(wc.recolor(color_func=image_colors))
# 去掉坐标轴
plt.axis('off')
# 保存词云图
wc.to_file(path.join(d,self.moveName + '词云.png'))
```

9.7　单击查看显示内容

9.7.1　创建显示 HTML 页面的窗体

要根据窗体控件实现创建显示 HTML 页面的窗体，先要理清创建显示 HTML 页面的窗体的业务流程和实现技术。根据本模块实现的功能，再设计出创建显示 HTML 页面的窗体的业务流程如图 9-25 所示。

创建一个新窗体用于显示 HTML 页面，即全国热力图、主要城市评论数及平均分。

创建显示 HTML
页面的窗体

在该窗体中应用了自定义的 kk() 方法显示是哪个电影的 HTML 文件，代码如下：

```python
# 显示热力图，主要城市评论数_平均分页面
class MainWindows(QMainWindow):
    def __init__(self):
        super(QMainWindow,self).__init__()
        self.setGeometry(200, 200, 1250, 650)
        self.browser = QWebEngineView()
    def kk(self,title,hurl):
        self.setWindowTitle(title)
        url = d+'/'+hurl
        self.browser.load(QUrl(url))
        self.setCentralWidget(self.browser)
```

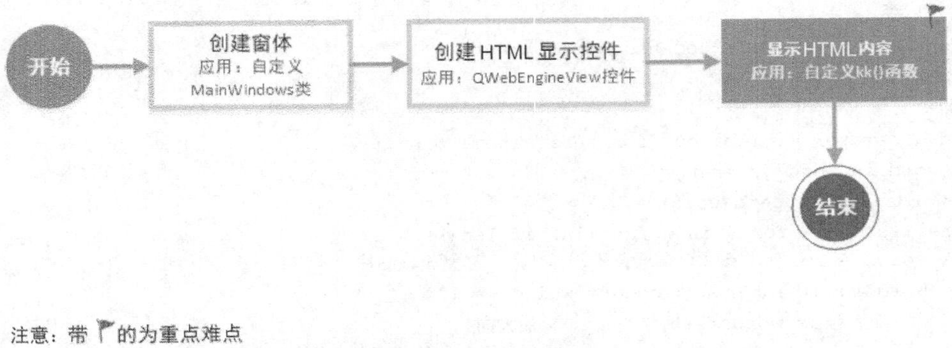

注意：带 ⚑ 的为重点难点

图 9-25　创建显示 HTML 页面的窗体的业务流程

9.7.2　创建显示图片的窗体

创建显示
图片的窗体

要根据窗体控件创建显示图片的窗体，先要理清它的业务流程和实现技术。根据本模块实现的功能，设计出创建显示图片的窗体的业务流程如图 9-26 所示。

创建一个新窗体用于显示电影的词云图片。在该窗体中应用自定义的 kk() 方法，以根据不同的电影打开并显示不同的图片。代码如下：

```python
# 显示词云图页面
class MainWindowy(QMainWindow):
    def __init__(self):
        super(QMainWindow,self).__init__()
        self.setGeometry(200, 200, 650, 650)
        self.browser = QLabel()
    def kk(self,title,hurl):
        self.setWindowTitle(title)
        url = d+'/'+hurl
        # self.browser.setBackgroundRole()
        # 利用pixmap截取图片
        pixmap = QPixmap(url)
        # 等比例缩放图片
        scaredPixmap = pixmap.scaled(QSize(600, 600), aspectRatioMode=Qt.KeepAspectRatio)
        # 设置图片
        self.browser.setPixmap(scaredPixmap)
        # 判断选择的类型，根据类型做相应的图片处理
```

```
    self.browser.show()
    self.setCentralWidget(self.browser)
```

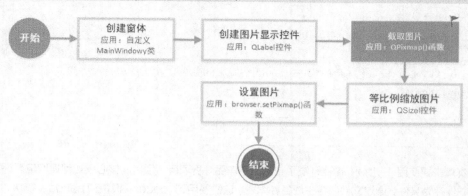

注意：带 🚩 的为重点难点

图 9-26　创建显示图片窗体的业务流程

9.7.3　绑定查询按钮单击事件

要实现绑定查询按钮单击事件，先要理清绑定事件的业务流程和实现技术。根据本模块实现的功能，设计出绑定查询按钮单击事件的业务流程如图 9-27 所示。

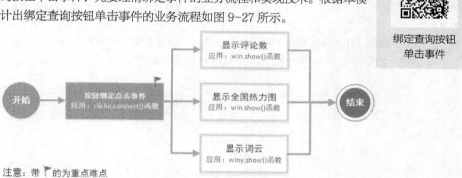

注意：带 🚩 的为重点难点

图 9-27　绑定查询按钮单击事件的业务流程

查询按钮一共有 3 个，首先我们需要绑定单击事件，为了方便调用，创建了 btnclick()方法在其中处理绑定事件，代码如下：

```
#  为查看按钮绑定事件
def btnclick(self):
    self.pushButton_2.clicked.connect(self.reli2)
    self.pushButton_3.clicked.connect(self.reli3)
    self.pushButton_4.clicked.connect(self.reli4)
```

对查询按钮单击后的处理，创建了 3 个方法：reli2()、reli3()和 reli4()，不同的查询按钮绑定不同的事件，在其中我们开启新的页面，代码如下：

```
#  主要城市评论数及平均分查看按钮事件
def reli2(self):
    win.kk(self.moveName+'主要城市评论数-及平均分',self.moveName+'主要城市评论数_平均分.html')
    win.show()

#  全国热力图查看按钮事件
```

171

```
def reli3(self):
    win.kk(self.moveName + '全国热力图', self.moveName + '全国热力图.html')
    win.show()

# 词云查看按钮事件
def reli4(self):
    winy.kk(self.moveName + '词云', self.moveName + '词云.png')
    winy.show()
```

小 结

　　本章主要使用 Python 语言开发了一个影视作品分析项目，项目的核心是如何抓取电影评论数据，并保存为文件，通过文件内容生成各种图表，这需要用到 request 模块和 pandas 模块，也需要使用生成图表的 pyecharts 模块和 wordcloud 模块；另外，影视作品分析项目以窗体的模式与用户进行交互，主要通过 Qt 设计器来实现。通过本章的学习，读者应该掌握 Qt 可视化设计器的使用，并熟练掌握如何使用 Python 内置的 request 模块进行网络数据的抓取。

习 题

9-1　简述 jieba 模块提供了哪几种分词模式，以及各模式的区别。

9-2　如何使用 jieba 模块和 wordcloud 库生成词云图？

第10章

看店宝

本章要点

- 使用PyQt5搭建应用窗体
- 爬虫技术的应用
- 使用Python操作MySQL数据库
- 数据的分析及可视化

京东商城的商家每天都会非常关注行业内部的营销情况，以京东商城的图书为例，商家每天都需要关注图书的销量情况以及行业内的销量排行情况、用户的评价信息等，京东商城图书的销量排行榜如图 10-1 所示。

图 10-1　京东商城图书的销量排行榜

以上的查询方式有些笨拙，商家需要每天打开关注图书的各种页面。本节将通过 Python 爬虫技术，实现一个爬取京东商城图书信息的查询工具看店宝（京东商城版），京东商城中的商家可以很轻松地了解图书的销量排行以及图书的价格变化等。

 爬虫类的辅助工具，仅供学习参考，不得用于商业用途。

10.1　需求分析

为了让店主可以很轻松地观察行业内部的电商信息，该工具将具备以下功能。

- ❏ 销量第 1 名图书评价分析饼图。
- ❏ 销量前 100 名出版社占有比例的条形图。
- ❏ 销量前 10 名的价格走势图。
- ❏ 销量排行榜。
- ❏ 热评排行榜。
- ❏ 关注商品中、差评预警。
- ❏ 关注商品价格变化预警。

需求分析、系统设计和系统开发必备

10.2 系统设计

10.2.1 系统功能结构

看店宝应用程序的功能结构主要分为四类：首页、排行榜、关注商品预警以及文件。详细的功能结构如图10-2 所示。

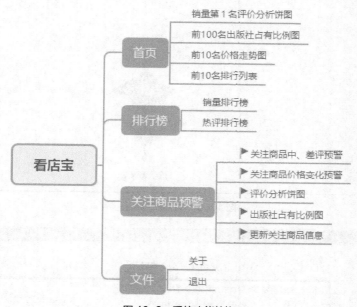

图 10-2 系统功能结构

 图中有 ▶ 图标标注的，为本系统核心功能。

10.2.2 系统业务流程

在开发看店宝应用程序时，需要先思考该程序的业务流程。根据需求分析与功能结构，设计出图 10-3 所示的系统业务流程图。

10.2.3 系统预览

看店宝（京东商城版）查询工具主窗体效果如图 10-4 所示。

每次打开主窗体时，将自动更新数据库中图书的基本信息并显示在主窗体中，单击左侧"功能列表"中的"图书销量排行——Top100"将显示图 10-5 所示的销量排行榜窗体。

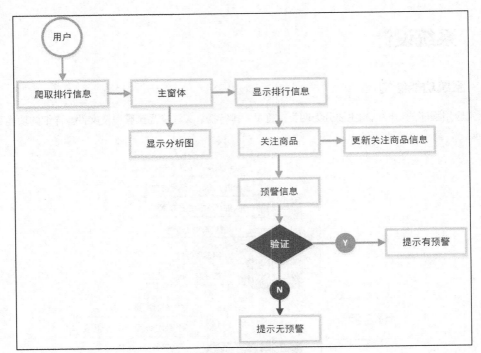

图 10-3　系统业务流程

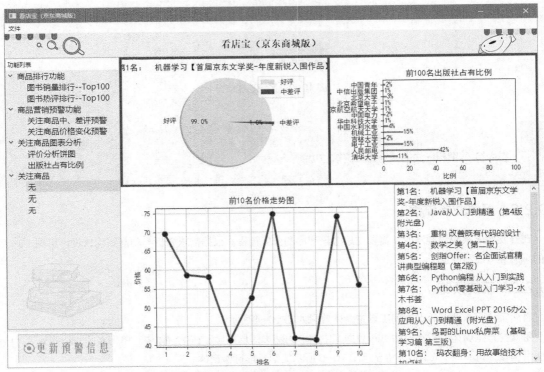

图 10-4　看店宝（京东商城版）查询工具主窗体效果

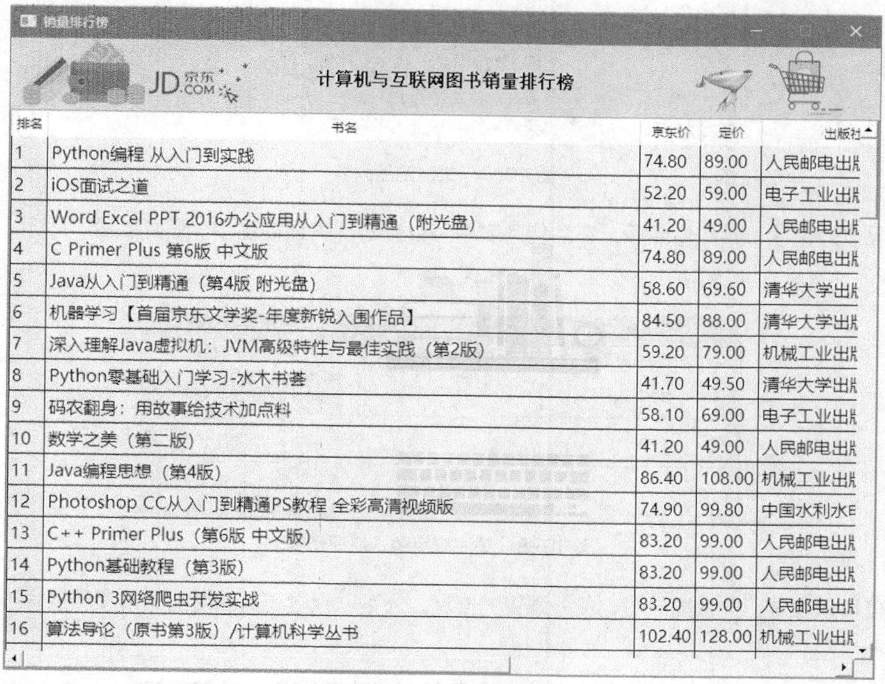

图 10-5　销量排行榜窗体

在销量排行榜窗体的列表中双击需要关注的图书，将弹出确认关注的对话框，如图 10-6 所示。

图 10-6　关注图书

已经关注的图书商品将显示在主窗体左侧的关注商品的列表中，如图 10-7 所示。

关注商品
Python编程 从入门到...
无
无

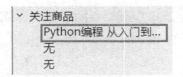

图 10-7　关注商品列表

如果商家已经关注了某些商品后，在功能列表中可以查看“关注商品中、差评预警”信息，如图 10-8 所示。

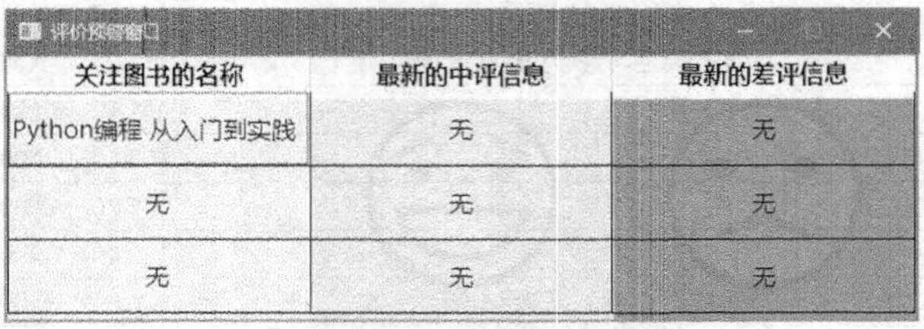

评价预警窗口
关注图书的名称
最新的中评信息
最新的差评信息
Python编程 从入门到实践
无
无
无
无
无
无
无
无

图 10-8　关注商品中、差评预警

商家不仅可以查看“关注商品中、差评预警”信息，还可以查看“关注商品价格变化预警”，如图 10-9 所示。

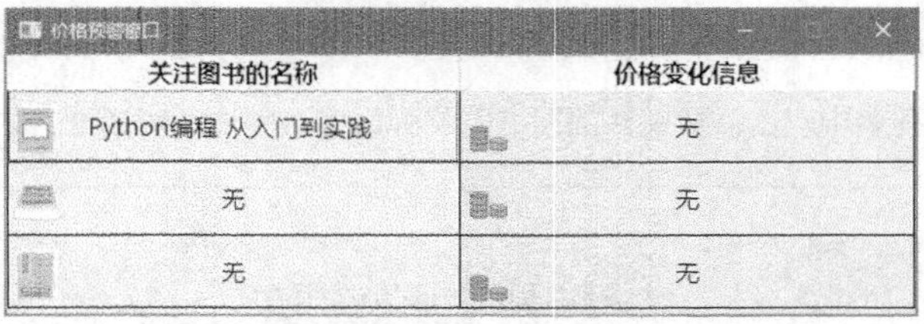

价格预警窗口
关注图书的名称
价格变化信息
Python编程 从入门到实践
无
无
无
无
无

图 10-9　关注商品价格变化预警

关注商品评价分析图表的运行效果，如图 10-10 所示。

关注图书的评价分析
关注图书-1
关注图书-2
关注图书-3
Python编程 从入门到实践
好评
中差评
好评
99.0%
1.0%
中差评

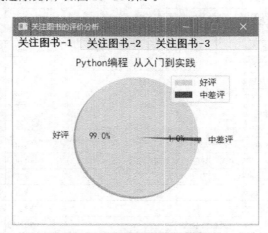

图 10-10　关注商品评价分析的图表

关注商品图书出版社占有比例图表的运行效果，如图 10-11 所示。

关注图书出版社占有比例
关注图书-1
关注图书-2
关注图书-3
Python编程 从入门到实践
其他
59%
人民邮电
41%
0
20
40
60
80
100
比例

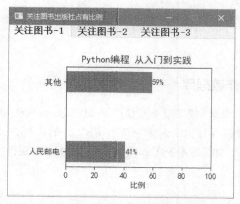

图 10-11　关注商品图书出版社占有比例的图表

10.3　系统开发必备

10.3.1　开发环境及工具

- 操作系统：Windows 7、Windows 8、Windows 10。
- 开发工具：PyCharm。
- Python 内置模块：sys、os、JSON、re。
- 第三方模块：PyQt5、pyqt5-tools、requests、PyMySQL、Matplotlib、BeautifulSoup。
- 数据库：MySQL 6.3。
- 浏览器：谷歌浏览器或火狐浏览器。
- MySQL 图形化管理软件：Navicat for MySQL。

10.3.2　文件夹组织结构

看店宝的文件夹组织结构主要分为 ui（保存窗体 ui 文件）以及 img（保存图片资源），详细结构如图 10-12 所示。

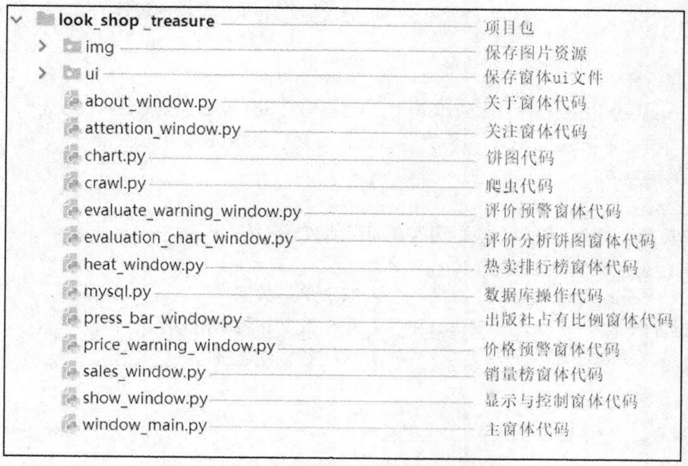

look_shop_treasure
项目包
img
保存图片资源
ui
保存窗体ui文件
about_window.py
关于窗体代码
attention_window.py
关注窗体代码
chart.py
饼图代码
crawl.py
爬虫代码
evaluate_warning_window.py
评价预警窗体代码
evaluation_chart_window.py
评价分析饼图窗体代码
heat_window.py
热卖排行榜窗体代码
mysql.py
数据库操作代码
press_bar_window.py
出版社占有比例窗体代码
price_warning_window.py
价格预警窗体代码
sales_window.py
销量榜窗体代码
show_window.py
显示与控制窗体代码
window_main.py
主窗体代码

图 10-12　项目文件夹组织结构

10.4 技术准备

10.4.1 使用 Python 操作数据库

在 Python 3.x 中连接 MySQL 数据库时，需要使用 PyMySQL 模块来实现数据库的各种操作。PyMySQL 不仅符合 Python 数据库 APIv2.0 的规范，还包含了 pure-Python MySQL 客户端库。如果使用 Python 2 对 MySQL 数据库进行操作时，则需要使用 mysqldb 模块来实现。

1. 安装 PyMySQL 模块

在 Windows 系统下安装 PyMySQL 模块时，可以使用 pip 的方式进行安装。安装代码如下：

```
pip install PyMySQL
```

也可以下载 PyMySQL 的源码程序，然后通过源码安装该模块。

源码下载完成以后，需要将其解压。然后在 PyMySQL-master 文件夹内按下组合键 "Shift" +鼠标右键，在显示的菜单中打开 "PowerShell 窗口"，并在该窗口中执行以下命令即可完成 PyMySQL 的源码安装。

```
python setup.py install
```

2. 数据库的连接与查询

通过 PyMySQL 模块连接数据库时，需要先确认以下几个事项。

- ❏ 已经安装了 MySQL。
- ❏ 已经启动了 MySQL 服务器。
- ❏ 已经创建了指定的数据库名称，例如 data_demo。
- ❏ 已经安装了 PyMySQL 模块。
- ❏ 已经熟悉 SQL 语句。

满足以上几个事项以后，在 Python 文件中首先导入 PyMySQL 模块，然后连接 MySQL 中的 data_demo 数据库，并查询当前数据库的版本信息。在实现数据库的连接时，connect()方法中的 host 参数代表 "本地主机"，也就是当前使用的计算机；user 参数为数据库的用户名称，password 参数为数据库的用户密码，db 参数为指定需要连接的数据库名称，port 参数为数据库端口，charset 参数为指定编码方式。实现 Python 与 MySQL 数据库连接并查询数据库版本信息的代码如下：

```python
import pymysql                        # 导入操作MySQL数据库模块

# 连接指定的数据库名称
db = pymysql.connect(host="localhost", user="root",password="root",
                     db="data_demo", port=3306,charset='utf8')
# 创建一个游标对象 cursor
cursor = db.cursor()
# 使用execute()方法执行SQL语句，该语句为查询当前数据库版本
cursor.execute("SELECT VERSION()")
data = cursor.fetchone()             # 获取单条数据
print ("当前数据库版本为 : %s " % data)  # 输出数据库版本信息
db.close()                           # 关闭数据库连接
```

执行结果如下：

```
当前数据库版本为: 5.7.22-log
```

说明　在执行 MySQL 语句时可以参考 MySQL 数据库的官方文档。

在 Python 数据库的 API 中定义了一些数据库操作的错误及异常类，如表 10-1 所示。

表 10-1　Python 数据库错误及异常类

错误及异常类	描　　述
Warning	警告异常类
Error	警告以外的错误异常类
InterfaceError	数据库接口错误类，而不是数据库的错误
DatabaseError	当数据库发生错误时触发该类
DataError	处理数据时发生的错误
OperationalError	数据库执行操作命令时出现的错误
IntegrityError	数据库完整性错误
InternalError	数据库的内部错误
ProgrammingError	程序错误，例如 SQL 语句执行失败
NotSupportedError	不支持错误，例如使用了数据库不支持的命令或者是函数

10.4.2　JSON 模块的应用

JSON（JavaScript Object Notation）是一种轻量级的数据交换格式。JSON 的数据格式与 Python 语言中的字典格式相似，其数据中可以包含方括号括起来的数组，在 Python 语言中称为列表。JSON 模块一共提供了四种方法，分别是 dumps()、dump()、loads() 以及 load()。

JSON 模块的应用

1. dumps() 与 dump() 方法

dumps() 与 dump() 方法为编码方法，其中 dumps() 方法只完成将 JSON 数据编码为 str，而 dump() 方法需要传入文件描述符，然后将编码后的 str 保存到文件中。示例代码如下：

```
import json  # 导入模块

data = { 'a' : 'A', 'b' : 'B', 'c' : 'C'}   # 定义字典类型的测试数据
json_str = json.dumps(data)   # 编码数据类型为字符串类型
print('dumps()方法，编码后的数据类型为: ',type(json_str))

# 写入模式打开文件，encoding为指定编码方式
with open("demo.json", "w", encoding='utf-8') as f:
    # 将测试数据格式化后写入文件，indent为缩进格式，默认为None，小于0为零个空格
    json.dump(data, f, indent=4)
```

运行该示例代码后，通过 dumps() 方法编码后的结果如图 10-13 所示，通过 dump() 方法写入文件的测试数据如图 10-14 所示。

dumps()方法，编码后的数据类型为：<class'str'>

图 10-13　dumps()方法格式化后的结果

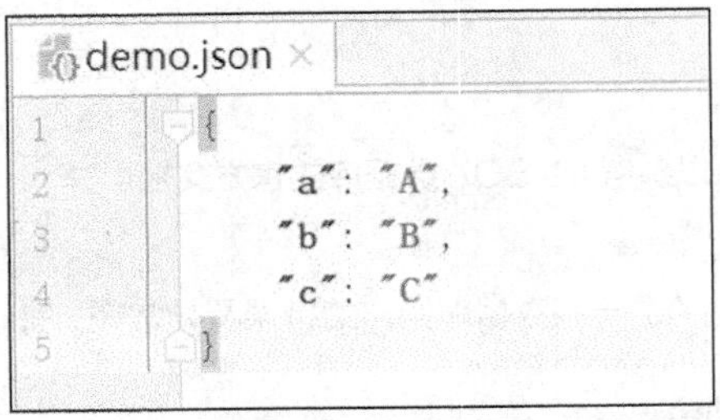

图 10-14　dump()方法写入文件的测试数据

2. loads()与load()方法

loads()与load()方法为反向编码的方法，就是将字符串类型的JSON数据反向编码为字典类型。其中loads()方法只完成了反向编码，而load()方法需要传入文件描述符，然后将读取后的字符串JSON信息反向编码为字典类型的数据。示例代码如下：

```
import json                        # 导入模块

data = '{ "a" : 1, "b" : 2, "c" : 3}' # 定义字符串类型的JSON数据
print('loads()方法，反向编码后的数据类型为：',type(json.loads(data)))
file = open('json_data','r',encoding='utf-8')
print('load()方法，反向编码后的数据类型为：',type(json.load(file)))
```

运行该示例代码后，将显示图10-15所示的运行结果。

loads()方法，反向编码后的数据类型为：<class'dict'>

load()方法，反向编码后的数据类型为：<class'dict'>

图 10-15　反向编码后的运行结果

10.5　主窗体的 UI 设计

10.5.1　对主窗体进行可视化设计

主窗体的 UI 设计

在创建看店宝（京东商城版）查询工具的窗体时，首页当中需要显示一个功能列表、三个图表以及一个显示前 10 名图书名称的列表。实现的具体步骤如下。

（1）创建名称为看店宝（京东商城版）的文件夹，该文件夹用于保存京东商城图书信息查询工具的项目文件，然后在该文件夹中创建一个名称为 image 的文件夹用于保存背景图片。

（2）打开 Qt Designer 工具，首先将主窗体的最大尺寸与最小尺寸设置为 1070×713，然后在主窗体中移除默认添加的状态栏（status bar），如图 10-16 所示。

图 10-16　移除状态栏

（3）在主窗体左上角设置菜单栏，用于实现显示关于窗体与退出主窗体的功能。如图 10-17 所示。

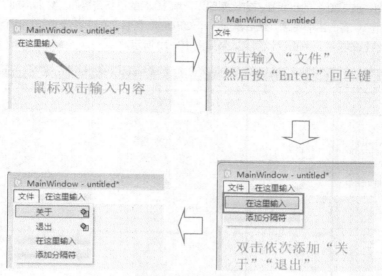

图 10-17　设置菜单栏

（4）在主窗体中添加一个 QLabel 控件，用于显示标题文字，然后在主窗体左侧的位置添加一个 QTreeWidget 控件，用于显示功能列表。在设置功能列表时，需要鼠标左键双击 QTreeWidget 控件，然后在弹出的窗口中设置功能列表中所显示的内容，"列"中显示功能列表，项目中显示功能名称，如图 10-18 所示。

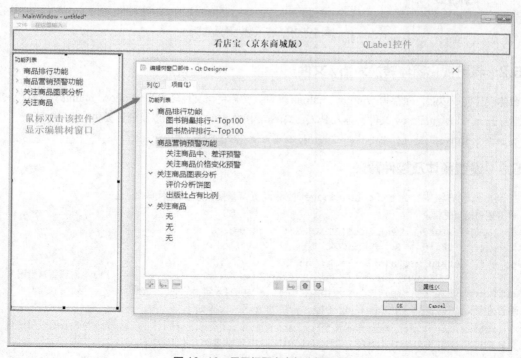

图 10-18　显示标题文字与功能列表

（5）在主窗体，功能列表的右侧添加 2 个水平布局（Horizontal Layout），分别用于显示图书销量排行第 1 名的评价分析饼图、前 100 名的出版社占有比例图以及前 10 名的价格走势图。然后添加 1 个 QListView 控件，用于显示销量前 10 名的图书名称。最后添加 1 个 QFrame 容器，在该容器中添加 1 个 QPushButton 控件，用于更新预警信息的按钮。首页设计预览效果如图 10-19 所示。

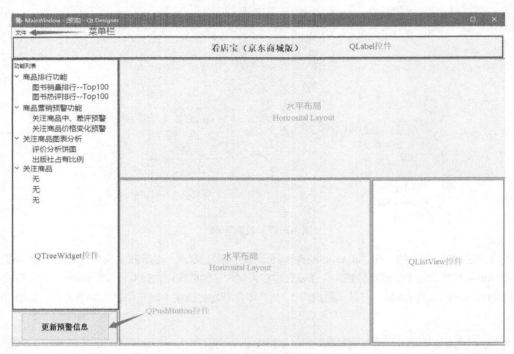

图 10-19　首页设计预览效果

10.5.2　将可视化窗体转换为.py 文件

窗体设计完成以后，保存为 window_main.ui 文件，然后将该文件转换为 window_main.py 文件，转换完成以后打开 window_main.py 文件，导入 PyQt5.QtGui 中的调色板、位图以及颜色模块，代码如下：

```
from PyQt5.QtGui import QPalette, QPixmap, QColor # 导入调色板、位图、颜色
```

10.5.3　设置窗体及控件背景

在 setupUi() 方法中，为 self.centralwidget 控件设置背景图片，关键代码如下：

```
# 开启自动填充背景
self.centralwidget.setAutoFillBackground(True)
palette = QPalette()  # 调色板类
palette.setBrush(QPalette.Background,
            QtGui.QBrush(QtGui.QPixmap('img/window_main_bg.png')))  # 设置背景图片
self.centralwidget.setPalette(palette)  # 为控件设置对应的调色板即可
```

设置左侧功能列表的 self.treeWidget 控件背景为透明，代码如下：

```
self.treeWidget.setStyleSheet("background-color:rgba(244,244,244,2)")# 设置背景透明
```

为显示评价分析与出版社占有比例图表布局的区域设置背景色，代码如下：

```
# 开启自动填充背景
self.horizontalLayoutWidget.setAutoFillBackground(True)
```

```
palette = QPalette()  # 调色板类
palette.setColor(QPalette.Background, QtCore.Qt.red)  # 设置背景颜色
self.horizontalLayoutWidget.setPalette(palette)  # 为控件设置对应的调色板即可
```

为更新预警信息的按钮设置背景图片，然后将 retranslateUi()方法中设置按钮文字的代码删除，最后再为左侧功能列表 self.treeWidget 控件设置全部展开的属性。代码如下：

```
self.pushButton.setStyleSheet("background-color:rgba(244,244,244,2)")# 设置背景透明
# 设置更新预警信息按钮的背景图片
self.pushButton.setIcon(QtGui.QIcon('img/update_btn_bg.png'))
self.pushButton.setIconSize(QtCore.QSize(190, 60))  # 设置按钮背景图片大小
self.treeWidget.expandAll()  # 树形菜单全部展开
```

10.5.4 创建窗体控制文件

由于该项目窗体较多，所以需要创建一个窗体控制文件，通过这个文件控制其他窗体的显示与窗体内功能。在项目文件夹中创建 show_window.py 文件，然后在该文件中导入用于显示主窗体相关的模块，再创建出窗体初始化类，最后在程序入口创建主窗体对象并显示主窗体。代码如下：

```
from window_main import Ui_MainWindow  # 导入主窗体文件中的Ui类
from PyQt5.QtWidgets import QMainWindow, QApplication  # 导入Qt窗体模块
import sys  # 导入系统模块
# 主窗体初始化类
class Main(QMainWindow, Ui_MainWindow):
    def __init__(self):
        super(Main, self).__init__()
        self.setupUi(self)


if __name__ == '__main__':
    app = QApplication(sys.argv)  # 首先必须实例化QApplication类，作为GUI主程序入口
    # 主窗体对象
    main = Main()
    # 显示主窗体
    main.show()
    sys.exit(app.exec_())  # 当来自操作系统的分发事件指派调用窗口时
    # 应用程序开启主循环（mainloop）过程
    # 当窗口创建完成，需要结束主循环过程
    # 这时候呼叫sys.exit()方法来结束主循环过程退出
    # 并且释放内存。为什么用app.exec_()而不是app.exec()？
    # 因为exec是Python系统默认关键字，为了以示区别，所以写成exec_
```

说明 由于 show_window.py 文件是窗体控制文件，所以在接下来的步骤当中还会在该文件中创建其他窗体的初始化类，然后创建对应窗体的对象并显示其窗体。

10.5.5 主窗体预览效果

在窗体控制文件的右键菜单中单击 Run 'show_window'将显示图 10-20 所示的主窗体界面。

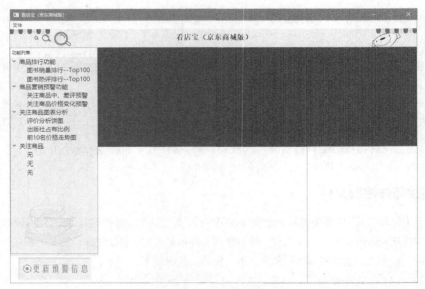

图 10-20　主窗体界面

10.6　设计数据库表结构

设计数据库表结构

在获取图书的信息之前需要设计数据库的表结构，首先需要想到设计两张数据表：sales_volume_rankings 用于保存图书销量排行榜数据，heat_rankings 用于保存热评排行榜数据。在设计数据库的表结构时，需要考虑到两类信息：一种是图书的基本信息，例如图书的名称、京东价、定价、出版社等；另外一种信息是关注信息，例如，价格预警时需要将关注商品现在的京东价与关注时的京东价进行比较，然后就是中评与差评预警信息的比较。经过以上的数据分析情况，确定表结构的字段名称为 "id" "book_name" "jd_price" "ding_price" "press" "item_url" "jd_id" "middle_time" "poor_time" "attention_price" 以及 "attention"，如图 10-21 所示。

名	类型	长度	小数点	不是 null	
id	int	11	0	☑	🔑 1
book_name	varchar	45	0	☐	
jd_price	varchar	10	0	☐	
ding_price	varchar	10	0	☐	
press	varchar	45	0	☐	
item_url	varchar	45	0	☐	
jd_id	varchar	45	0	☐	
middle_time	varchar	45	0	☐	
poor_time	varchar	45	0	☐	
attention_price	varchar	45	0	☐	
attention	varchar	45	0	☐	

默认：
注释：
☑ 自动递增
☐ 无符号
☐ 填充零

图 10-21　确定表结构的字段名称

因为图书销量排行榜与图书热评排行榜中的图书信息相同，所以两张数据表的表结构的字段名称也相同。表结构的字段名称含义如表 10-2 所示。

表 10-2　表结构的字段名称含义

字段名称	含义
id	id 是数据库中定义数据的编号，需要设置为主键并且自动递增
book_name	对应图书的名称
jd_price	对应图书的京东价
ding_price	对应图书的定价
press	对应图书的出版社
item_url	对应图书详情页的链接地址
jd_id	对应图书在京东商城中的商品 id
middle_time	对应图书关注时最新的中评时间
poor_time	对应图书关注时最新的差评时间
attention_price	对应图书关注时的京东价
attention	图书是否被关注的标记，1 为关注，Null 为没有关注，0 为取消关注

10.7　初始数据的爬取

爬取排行信息

10.7.1　爬取排行信息

在获取图书销量排行信息时，首先需要找到京东商城图书的网络地址，然后找到图书的排行地址，分析图书排行的网页一共有几页，再通过网络请求的方式访问分别请求图书排行的每页内容，最后将网络请求所返回的 HTML 代码解析并获取需要的数据。获取销量排行数据的具体步骤如下。

（1）打开京东商城图书网页，然后在网页中找到图书的"畅销排行榜"，然后单击"完整榜单"，如图 10-22 所示。

图 10-22　查看图书畅销排行榜

（2）打开"畅销排行榜"的"完整榜单"后，在该页面中首先保证导航中所选择的是"图书销量榜"，然后在左侧的图书分类中选择需要爬取的图书类型，这里选择"计算机与互联网"即可，最后观察该类型图书排行的网页共有几页，如图 10-23 所示。

图 10-23　选择计算机与互联网的图书销量榜

（3）在浏览器中按下快捷键 F12 打开"开发者工具"，然后选择"网络监视器"并在网络类型中选择 All（全部），再按下快捷键 F5 刷新，最后在发送的网络请求信息中选择第一条信息，如图 10-24 所示。

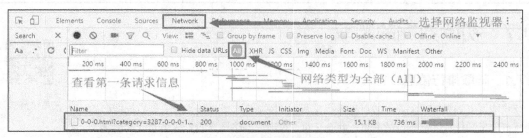

图 10-24　查看请求信息

（4）选择第一条请求信息以后，将显示请求头部的相关信息，其中 Request URL 所对应的地址就是我们所需要的爬取地址，如图 10-25 所示。

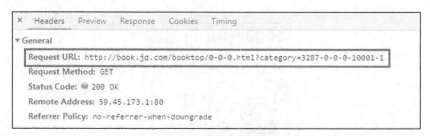

图 10-25　获取销量排行的网络地址

（5）得到"计算机与互联网"类图书销量排行的网络地址后，我们观察到此类图书的排行信息共有 5 页，接下来需要查看第 2 页的网络地址，然后分析规律，分析后的对比如图 10-26 所示。根据图中的网络地址可以观察出，地址几乎相同，只是最后一个数字是对应的网页。所以保留前面的固定地址，在请求不同的页面时更换页面对应的数字即可。

（6）在项目文件夹中创建名称为 crawl 的 Python 文件，该文件用于爬取该项目中的所有网页信息。在 crawl 文件中首先导入爬取网页信息的必要模块，然后定义 1 个用于保存排行数据的列表，代码如下：

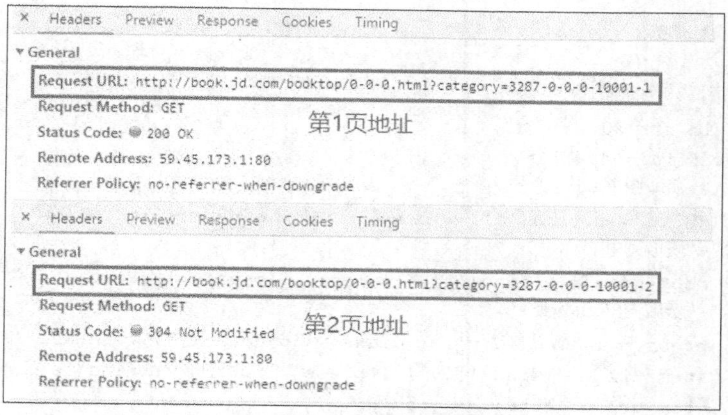

图 10-26　分析第 1 页与第 2 页的地址规律

```
import requests  # 网络请求模块
from bs4 import BeautifulSoup    # HTML代码解析模块
import json                      # JSON数据解析模块
import re                        # 正则表达式模块


rankings_list = []               # 保存排行数据的列表
```

（7）创建 Crawl 类，然后在该类中创建 get_rankings()方法，在该方法中首先定义 4 个用于保存爬取信息的列表，然后定义网页的页数，再循环请求爬取图书销量排行榜的每 1 页信息，分别获取图书名称、出版社、每本书所对应的网络地址以及每本书在京东商城中所对应的商品 id，代码如下：

```
class Crawl(object):
    # 获取排行

    def get_rankings(self, url):
        # 创建头部信息
        headers = {'User-Agent': 'OW64; rv:59.0) Gecko/20100101 Firefox/59.0'}
        self.book_name_list = []  # 保存图书名称的列表
        self.press_list = []   # 保存出版社的列表
        self.item_url_list = []  # 保存排行榜中每本图书的地址
        self.jd_id_list = []   # 保存商品id的列表
        # 网页的页数
        page = 1
        # 100个商品id的字符串，该字符串是前100名的商品id
        self.jd_id_str_100 = ''
        # 因为前100名，每个网页显示20名，所以发送5次网页请求，每次请求不同的页数
        while True:
            # 发送网络请求，获取服务器响应
            response = requests.get(url.format(page=page),headers= headers)
            response.encoding = 'gb2312'  # 设置编码方式
            # 创建一个BeautifulSoup对象，用来获取页面正文
            html = BeautifulSoup(response.text, "html.parser")
            # 获取图书所有信息的外层标签
            book_list = html.find('div', {'class', 'm m-list'})
            if not book_list:  # 如果没有图书信息，就跳出循环
                Break
            # 获取图书所有信息
            book_list = book_list.find('ul', {'class', 'clearfix'}).select('li')
```

```
        # 页数加1
        page += 1
        # 每页20个商品id
        jd_id_str_20 = ''
        for i in book_list:
            # 获取图书id
            jd_id = i.find('a', {'class', 'btn btn-default follow'}).get('data-id')
            # 获取图书名称
            book_name = i.find('a', {'class', 'p-name'}).text
            # 获取图书出版社
            press = i.find('div', {'class', 'p-detail'}).find_all('dl')[1].dd.text
            item_url = i.find('div', {'class', 'p-img'}).find('a').get('href')
            item_url = 'http:' + item_url
            self.book_name_list.append(book_name)  # 将图书名称添加至列表
            self.press_list.append(press)  # 将出版社添加至列表
            self.item_url_list.append(item_url)  # 将排行榜中每本书地址添加至列表
            self.jd_id_list.append(jd_id)  # 将排行榜中每本书的商品id添加至列表
            # 商品id
            jd_id_str = 'J_' + jd_id + ','
            jd_id_str_20 = jd_id_str_20 + jd_id_str
    # 将获取到的100个商品id连接成字符串作为获取价格的请求参数
        self.jd_id_str_100 = self.jd_id_str_100 + jd_id_str_20
    return self.jd_id_str_100
```

由于京东商城图书网页中价格信息使用了动态加载的技术，所以图书的价格在该步骤中没有获取到，不过在获取图书价格时需要使用京东商城商品 id 的字符串，所以在该步骤中将 100 个图书的商品 id 进行了字符串连接并返回。

10.7.2 爬取价格信息

爬取价格信息的具体步骤如下。

（1）根据获取销量排行榜数据的步骤（3）的操作方式，重新在网络监视器中查看网络请求信息，在左上角搜索的区域搜索有关价格的英文单词"price"，然后打开参数包含商城商品 id（如 skuids=J_11917487）的请求信息，如图 10-27 所示。

爬取价格信息

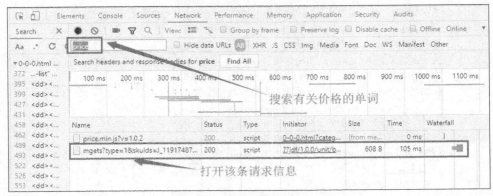

图 10-27　查找有关价格的请求信息

（2）打开请求信息后，在请求头部信息中找到获取图书价格的网络请求地址，该地址的 skuids 参数所对应的值为多个商品 id，如图 10-28 所示。

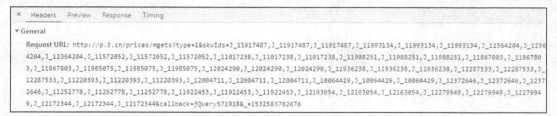

图 10-28　获取图书价格的请求地址

 说明　由于图书销量排行榜的图书信息不断更新，所以参数中所对应的商品 id 也会根据图书的排行情况所变化。此处仅需要保留固定的网络地址（http://p.3.cn/prices/mgets?type=1&skuIds=），然后根据获取销量排行榜数据的步骤（7）中所返回的商品 id 的字符串即可获取当前图书排行中的所有图书价格。

（3）创建 get_price()方法，用于获取图书的价格信息。在该方法中首先需要清空排行数据的列表，然后根据 10.7.1 节中步骤（7）get_rankings()方法所返回的商品 id 字符串作为网络请求的参数，再发送获取图书价格的网络请求，最后将返回的 JSON 数据进行解析并将所有数据添加至排行数据的列表中。代码如下：

```
# 获取前100名图书价格
def get_price(self, id):
    rankings_list.clear()  # 清空排行数据的列表
    # 获取价格的网络请求地址
    price_url = 'http://p.3.cn/prices/mgets?type=1&skuIds={id_str}'
    # 将商品id作为参数发送获取前100名图书价格
    response = requests.get(price_url.format(id_str=id))
    price = response.json()  # 获取价格JSON数据，该数据为列表类型
    for index, item in enumerate(price):
        # 书名
        book_name = self.book_name_list[index]
        # 出版社
        press = self.press_list[index]
        # 京东价
        jd_price = item['op']
        # 定价
        ding_price = item['m']
        # 每本书的地址
        item_url = self.item_url_list[index]
        # 每本书的商品id
        jd_id = self.jd_id_list[index]
        # 将所有数据添加到列表中
        rankings_list.append((index+1,book_name,
                        jd_price, ding_price, press,
item_url,jd_id))
```

10.7.3　爬取评价信息

由于需要处理中差评预警以及评价分析图，所以还需要获取图书评价的相关信息，

爬取评价信息

191

在获取评价的相关信息时，同样需要先得到评价信息所对应的请求地址。获取评价信息的步骤如下：

（1）打开销量排行榜网页中的任意一本图书，然后在对应图书的网页中选择"商品评价"，勾选"只看当前商品评价"，再打开浏览器的"开发者工具"并选择"网络监视器"，最后在网页的"推荐排序"中选择"时间排序"，如图 10-29 所示。

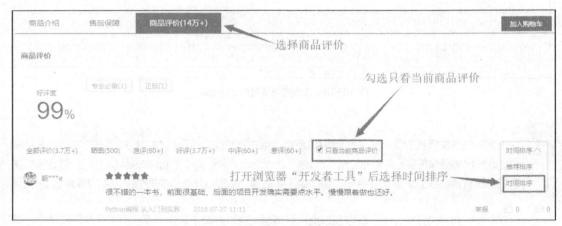

图 10-29　获取评价信息的网络请求

（2）在"推荐排序"中选择了"时间排序"以后，网络监视器中会显示当前操作所触发的请求信息，然后在请求信息中查找类型为"script"的网络请求，如图 10-30 所示。

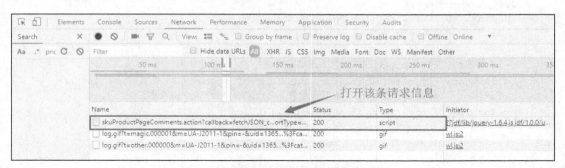

图 10-30　查找获取评价信息的网络请求

（3）打开请求信息后，在请求头部信息中找到获取评价信息的网络请求地址，如图 10-31 所示。

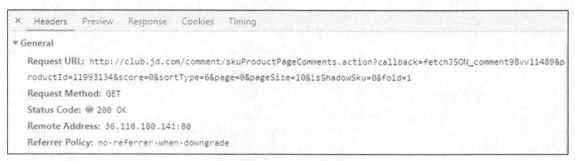

图 10-31　找到获取评价信息的网络请求地址

说明

通过分析获取评价信息的网络请求地址，了解发送该网络请求需要填写对应的 7 个参数，具体的参数以及参数含义如表 10-3 所示。

表 10-3　获取评价信息网络请求地址中参数及含义

参数	含义
callback	该参数默认不需要修改
productId	书名对应的商品 id
score	评价等级参数差评为 1，中评为 2，好评为 3，0 为全部
sortType	排序类型，6 为时间排序，5 为推荐排序
pageSize	指定每一页展示多少评论，默认为 10 条
isShadowSku	该参数默认不需要修改
page	当前是第几页评论，从 0 开始递增

（4）创建 get_evaluation() 方法，用于获取评价信息，在该方法中首先需要定义网络请求地址中的必要参数，然后发送获取评价信息的网络请求，再分离返回的评价信息，最后根据不同的需求返回需要的信息。代码如下：

```python
# 获取评价内容,score参数差评为1, 中评为2, 好评为3, 0为全部
def get_evaluation(self, score, id):
    # 好评率
    self.good_rate_show = None
    # 定义请求参数
    params = {
    'callback': 'fetchJSON_comment98vv10635',
    'productId': id,
    'score': score,
    'sortType': 6,
    'pageSize': 10,
    'isShadowSku': 0,
    'page': 0,
    }
    # 评价请求地址
    url = 'https://club.jd.com/comment/skuProductPageComments.action'
    # 发送请求
    evaluation_response = requests.get(url, params=params)
    if evaluation_response.status_code == 200:
        evaluation_response = evaluation_response.text
        try:
            # 去除JSON外层的括号与名称
            t = re.search(r'({.*})', evaluation_response).group(0)
        except Exception as e:
            print('评价的JSON数据匹配异常! ')
        j = json.loads(t)  # 加载JSON数据
        commentSummary = j['comments']
        if self.good_rate_show == None:
```

```
            self.good_rate_show = j['productCommentSummary']['goodRateShow']
        for comment in commentSummary:
            # 评价内容
            c_content = comment['content']
            # 时间
            c_time = comment['creationTime']
            # 京东昵称
            c_name = comment['nickname']
            # 通过哪种平台购买
            c_client = comment['userClientShow']
            # 会员级别
            c_userLevelName = comment['userLevelName']
            # 好评差评分数定义:1为差评, 2-3为中评, 4-5为好评
            c_score = comment['score']
        # 判断没有指定的评价内容时
        if len(commentSummary)==0:
            # 返回好评率与无
            return self.good_rate_show,'无'
        else:
            # 根据不同需求返回不同数据，这里仅返回好评率与最新的评价时间
            return self.good_rate_show, commentSummary[0]['creationTime']
```

根据以上获取销量排行榜信息的分析流程与操作步骤即可获取图书热评排行榜的相关信息，并且图书热评排行榜页面规律与销量排行榜页面规律相同，所以在爬取两种排行榜信息时，可以使用同一个爬虫文件（crawl.py）即可。

10.7.4　定义数据库操作文件

根据以上 3 个小节的学习内容即可获取图书销量排行与图书热评排行的相关信息，接下来需要将所有获取的信息保存至数据库中，具体步骤如下。

定义数据库
操作文件

（1）在项目文件夹中创建 mysql.py 文件，用于进行数据库的操作，在该文件中首先导入操作 MySQL 数据库的模块，然后创建 MySQL 类，在该类中首先创建 connection_sql()方法，用于连接 MySQL 数据库。然后创建 close_sql()方法，用于关闭数据库。代码如下：

```
import pymysql # 导入操作MySQL数据库的模块
class MySQL (object):
    # 连接数据库
    def connection_sql(self):
        # 连接数据库
        self.db = pymysql.connect(host="localhost", user="root",
                        password="root", db="jd_data", port=3306)
        return self.db
    # 关闭数据库
    def close_sql(self):
        self.db.close()
```

（2）创建 insert()方法，用于向数据库中插入排行信息的数据。代码如下：

```
    def insert(self,cur,value,table):
        # 插入数据的SQL语句
```

```
        sql_insert = "insert into {table} (id,book_name,jd_price,ding_price," \
                "press,item_url,jd_id) values(%s,%s,%s,%s,%s,%s,%s)on duplicate" \
            " key update book_name=values(book_name),jd_price=values(jd_price)," \
            "ding_price=values(ding_price),press=values(press),item_url=" \
            "values(item_url),jd_id=values(jd_id)".format(table=table)
        try:
            # 执行SQL语句
            cur.executemany(sql_insert,value)
            # 提交
            self.db.commit()
        except Exception as e:
            # 错误回滚
            self.db.rollback()
            # 输出错误信息
            print(e)
```

（3）创建 query_top10_jd_price()方法，用于获取销量排行榜前 10 名的京东价。代码如下：

```
    def query_top10_jd_price(self,cur):
        y =[]                                   # 保存前10名京东价的列表
        query_sql = "select jd_price from sales_volume_rankings where id<=10"
        cur.execute(query_sql)                  # 执行SQL语句
        results = cur.fetchall()                # 获取查询的所有记录
        for row in results:
            y.append(row[0])                    # 将京东价添加至列表中
        return y                                # 将前10名的京东价列表返回
```

（4）创建 query_top10_book_name()方法，用于获取销量排行榜前 10 名的图书名称。代码如下：

```
    def query_top10_book_name(self, cur):
        name = []                               # 书名列表
        query_sql = "select book_name from sales_volume_rankings where id<=10"
        cur.execute(query_sql)                  # 执行SQL语句
        results = cur.fetchall()                # 获取查询的所有记录
        i = 1 # 定义排名变量
        for row in results:
            i = str(i)                          # 转换变量类型为字符串类型
            name.append('第' + i + '名：  ' + row[0]) # 将排名与图书名称添加至列表中
            i = int(i)                          # 由于字符串类型无法进行计算，所以转换为整数类型
            i += 1                              # 改变排名
        return name                             # 将保存书名的列表返回
```

（5）创建 query_press_proportion()方法，用于获取出版社占有比例。代码如下：

```
    def query_press_proportion(self, cur, query_sql):
        press_list = []                         # 出版社列表
        number_list = []                        # 数量
        cur.execute(query_sql)                  # 执行SQL语句
        results = cur.fetchall()                # 获取查询的所有记录
        for row in results:
            # 去除出版社三个字，然后添加至对应的列表中
            press_list.append(row[0].strip('出版社'))
            number_list.append(row[1])          # 将出版社占有数量添加至对应的列表中
        return number_list, press_list          # 将出版社列表与数量列表返回
```

（6）创建 query_top1_id()方法，用于获取排行第一的商品 id。代码如下：

```
    def query_top1_id(self, cur):
```

```
        query_sql = "select jd_id from sales_volume_rankings where id=1"
        cur.execute(query_sql)          # 执行SQL语句
        jd_id = cur.fetchone()          # 获取查询的内容
        return jd_id[0]                 # 返回商品id
```

（7）创建 query_top100_rankings()方法，用于获取排行 100 名的图书信息，这里仅需要查询图书的 id、图书名称、京东价、定价以及出版社。代码如下：

```
# 获取排行前100名的图书信息，这里仅需要查询图书的id、图书名称、京东价、定价以及出版社
def query_top100_rankings(self, cur, table):
    query_sql = "select id,book_name,jd_price,ding_price,press " \
            "from {table}".format(table=table)
    cur.execute(query_sql)          # 执行SQL语句
    results = cur.fetchall()        # 获取查询的所有记录
    row = len(results)              # 获取信息条数，作为表格的行
    column = len(results[0])        # 获取字段数量，作为表格的列
    return row, column, results     # 返回信息行与信息列（字段对应的信息）
```

（8）创建 query_is_number()方法，用于获取数据表中有多少条数据。代码如下：

```
    def query_is_number(self, cur, table):
        query_sql = "select count(*) from {table}".format(table=table)
        cur.execute(query_sql)          # 执行SQL语句
        results = cur.fetchall()        # 获取查询的所有记录
        return results[0][0]            # 返回多少条数据
```

（9）创建 update_attention()方法，用于更新关注商品的信息。代码如下：

```
def update_attention(self, cur, table, up, where):
    sql_update = "update {table} set {up} where {where}"\
        .format(table=table, up=up, where=where)
    try:
        cur.execute(sql_update)     # 执行SQL语句
        # 提交
        self.db.commit()
    except Exception as e:
        # 错误回滚
        self.db.rollback()
        # 输出错误信息
        print(e)
```

（10）创建 query_attention()方法，用于获取关注商品的信息。代码如下：

```
def query_attention(self, cur, column, table, where):
    query_sql = "select {column} from {table} where {where} "\
        .format(column=column, table=table, where=where)
    cur.execute(query_sql)              # 执行SQL语句
    results = cur.fetchall()            # 获取查询的所有记录
    return results                      # 返回查询信息
```

（11）创建 query_empty()方法，用于清空指定的数据表内容。代码如下：

```
    def query_empty(self,cur,table):
        sql_delete = "truncate table {table}".format(table = table)
        try:
            cur.execute(sql_delete)     # 向SQL语句传递参数
            # 提交
            self.db.commit()
        except Exception as e:
```

```
# 错误回滚
self.db.rollback()
# 输出错误信息
print(e)
```

10.8　图表分析数据

图表分析数据

在设计主窗体数据显示时，首先需要思考主窗体中共有以下（销量第 1 名的评价分析图、前 100 名出版社占有比例图、前 10 名价格走势图以及前 10 名图书名称的列表）4 个显示区域，所以需要创建图表显示文件，用于显示图表，然后根据数据库操作文件将图表数据显示在主窗体当中。

10.8.1　饼图展示评价信息

使用饼形图展示评价信息的效果如图 10-32 所示。

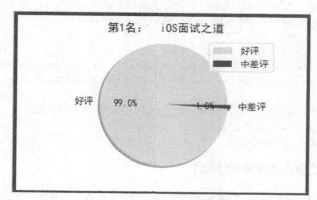

图 10-32　饼图展示评价信息

在显示评价分析的饼图时，首先需要创建图表文件，然后在图表文件中定义显示形图的方法，具体步骤如下。

（1）在项目文件夹当中创建 chart.py 文件，然后在该文件中导入绘制图表相关的模块，再创建 PlotCanvas 画布类并在该类中进行初始化工作。代码如下：

```python
# 图形画布
from matplotlib.backends.backend_qt5agg import FigureCanvasQTAgg as FigureCanvas
import matplotlib  # 导入图表模块
import matplotlib.pyplot as plt  # 导入绘图模块


class PlotCanvas(FigureCanvas):

    def __init__(self, parent=None, width=0, height=0, dpi=100):
        # 避免中文乱码
        matplotlib.rcParams['font.sans-serif'] = ['SimHei']
        matplotlib.rcParams['axes.unicode_minus'] = False
        # 创建图形
        fig = plt.figure(figsize=(width, height), dpi=dpi)
        # 初始化图形画布
        FigureCanvas.__init__(self, fig)
```

```
        self.setParent(parent)   # 设置父类
```
（2）创建 pie_chart() 方法，用于显示评价分析的饼图。代码如下：

```
    def pie_chart(self, good_size, general_poor_size, title):
        """
        绘制饼图
        explode：设置各部分突出
        label:设置各部分标签
        labeldistance:设置标签文本距圆心位置，1.1表示1.1倍半径
        autopct：设置圆里面文本
        shadow：设置是否有阴影
        startangle：起始角度，默认从0开始逆时针旋转
        pctdistance：设置圆内文本距圆心距离
        返回值
        l_text: 圆内部文本, matplotlib.text.Text object
        p_text: 圆外部文本
        """
        label_list = ['好评', '中差评']   # 各部分标签
        size = [good_size, general_poor_size]  # 各部分大小
        color = ['lightblue', 'red']  # 各部分颜色
        explode = [0.05, 0]  # 各部分突出值
        plt.pie(size, colors=color, labels=label_list, explode=explode,
              labeldistance=1.1,autopct="%1.1f%%", shadow=True, startangle=0,
                                                    pctdistance=0.6)
        plt.axis("equal")  # 设置横轴和纵轴大小相等，这样饼图才是圆的
        plt.title(title, fontsize=12)
        plt.legend()   # 显示图例
```

10.8.2 分析出版社所占比例的条形图

使用条形图展示出版社所占比例。创建 bar() 方法，用于显示出版社占有比例的条形图。代码如下：

```
    def bar(self, number, press, title):
        """
        绘制水平条形图方法barh
        参数一：y轴
        参数二：x轴
        """
        # 设置图表跨行跨列
        plt.subplot2grid((12, 12), (1, 2), colspan=12, rowspan=10)
        # 从下往上画水平条形图
        plt.barh(range(len(number)), number, height=0.3, color='r', alpha=0.8)
        plt.yticks(range(len(number)), press) # Y轴出版社名称显示
        plt.xlim(0, 100)                # X轴的数量0~100
        plt.xlabel("比例")              # 比例文字
        plt.title(title)                # 表标题文字
        # 显示百分比数量
        for x, y in enumerate(number):
            plt.text(y + 0.1, x, '%s' % y + '%', va='center')
```
使用条形图展示出版社所占比例的效果如图 10-33 所示。

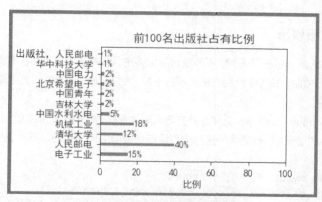

图 10-33　条形图展示出版社所占比例

10.8.3　折线图分析价格走势

使用折线图分析价格走势。创建 broken_line() 方法，用于显示前十名价格趋势的折线图。代码如下：

```
def broken_line(self, y):
    '''
    y:y轴折线点，也就是价格
    linewidth:折线的宽度
    color: 折线的颜色
    marker: 折点的形状
    markerfacecolor: 折点实心颜色
    markersize: 折点大小
    '''
    x = ['1', '2', '3', '4', '5', '6', '7', '8', '9', '10']  # x轴折线点，也就是排名
    plt.plot(x, y, linewidth=3, color='r', marker='o',
            markerfacecolor='blue', markersize=8)  # 绘制折线，并在折点添加蓝色圆点
    plt.xlabel('排名')
    plt.ylabel('价格')
    plt.title('前10名价格走势图')  # 标题名称
    plt.grid()  # 显示网格
```

使用折线图分析价格走势的效果如图 10-34 所示。

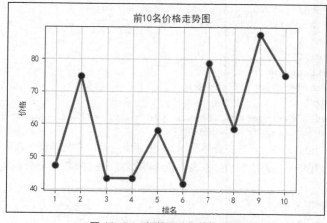

图 10-34　折线图分析价格走势

10.8.4 Top10 数据展示

在显示销量前 10 名的图书名称列表时，不需要进行太多的代码操作。仅需要在数据库中将销量前 10 名的图书名称获取，然后将获取的图书名称列表信息显示在主窗体的 QListView 控件当中即可。主窗体数据显示的具体步骤如下。

（1）打开主窗体 window_main.py 文件，首先导入数据库操作文件、爬取信息文件以及自定义的图表文件，然后定义数据表名称的字符串、销量排行榜与热评排行榜的网络请求地址以及数据库操作类中的相关方法，代码如下：

```python
from mysql import MySQL  # 导入自定义数据库文件
from crawl import Crawl,rankings_list  # 导入自定义爬取文件
from chart import *  # 导入自定义图表文件


# 销量排行榜数据表名称
sales_volume_rankings_table_name = 'sales_volume_rankings'
# 热评排行榜数据表名称
heat_rankings_table_name = 'heat_rankings'
# 计算机与互联网图书销量排行榜地址
sales_volume_url = \
    'http://book.jd.com/booktop/0-0-0.html?category=3287-0-0-0-10001-{page}'
# 计算机与互联网图书热评排行榜地址
heat_rankings_url = \
    'http://book.jd.com/booktop/0-0-1.html?category=3287-0-0-1-10001-{page}'
# 创建自定义数据库对象
mysql = MySQL()
# 创建爬取对象
mycrawl = Crawl()
# 连接数据库
sql = mysql.connection_sql()
# 创建游标
cur = sql.cursor()
# 查询已经关注的图书数量
attention_warning_message_list = []  # 关注预警信息
```

（2）在 setupUi() 方法中设置 QListView 控件列表中内容不可编辑与自动换行属性。关键代码如下：

```python
self.listView = QtWidgets.QListView(self.centralwidget)
self.listView.setGeometry(QtCore.QRect(780, 320, 291, 371))
font = QtGui.QFont()
font.setPointSize(12)
self.listView.setFont(font)
self.listView.setObjectName("listView")
# 设置列表内容不可编辑
self.listView.setEditTriggers(QtWidgets.QAbstractItemView.NoEditTriggers)
self.listView.setWordWrap(True)  # 自动换行
```

（3）在 retranslateUi() 方法中，设置主窗体显示文字的代码下面，首先查询关注商品的预警信息并添加至列表当中，然后清空销量排行与热评排行的数据表，最后将最新获取的排行数据分别插入对应的数据表中。关键代码如下：

```python
# 查询关注商品的预警信息
attention_warning_message =mysql.query_attention\
    (cur, 'jd_id,middle_time,poor_time,attention_price,attention',
```

```
                     sales_volume_rankings_table_name, "attention = '1'")
    # 遍历并将预警信息添加至列表当中
    for a in attention_warning_message:
        attention_warning_message_list.append(a)
    # 获取销量排行数据
    id_str = mycrawl.get_rankings(sales_volume_url)
    # 发送网络请求获取价格
    mycrawl.get_price(id_str)
    # 清理数据表
    mysql.query_empty(cur, sales_volume_rankings_table_name)
    # 将销量排行数据添加至数据库中
    mysql.insert(cur,rankings_list,sales_volume_rankings_table_name)
    # 获取热评排行数据
    id_str1 = mycrawl.get_rankings(heat_rankings_url)
    # 发送网络请求获取价格
    mycrawl.get_price(id_str1)
    # 清理数据表
    mysql.query_empty(cur, heat_rankings_table_name)
    # 将热评排行数据添加至数据库中
    mysql.insert(cur,rankings_list,heat_rankings_table_name)
    # 查看销量排行数据为多少条
    sales_number = mysql.query_is_number(cur, sales_volume_rankings_table_name)
    print(sales_number)
    # 遍历预警信息
    for index, item in enumerate(attention_warning_message_list):
        middle_time = item[1]    # 中评时间信息
        poor_time = item[2]      # 差评时间信息
        price = item[3]          # 京东价信息
        attention = item[4]      # 关注标记
        # 数据表中需要更新的字段
        up = "middle_time='{mi_time}',poor_time='{p_time}'," \
            "attention_price='{price}',attention='{attention}'" \
            .format(mi_time=middle_time, p_time=poor_time,
                    price=price, attention=attention)
        # 更新关注商品的预警信息
        mysql.update_attention(cur,sales_volume_rankings_table_name,up,
                        "jd_id={jd_id}".format(jd_id = item[0]))
    # 查询已经关注的图书数量
    attention_number = mysql.query_attention(cur, 'count(*)',
                        sales_volume_rankings_table_name, "attention = '1'")[0][0]
    print('排行数据库已更新! ')
    # 查看热评排行数据为多少条
    heat_number = mysql.query_is_number(cur, heat_rankings_table_name)
    if sales_number!=0 and heat_number!=0:
        print('显示数据')
        self.show_message()   # 显示数据
        self.show_attention_book_name(attention_number)
    else:
        print('数据库信息异常! ')
```

（4）在 retranslateUi() 方法的下面，首先创建 show_message() 方法，用于显示销量第 1 名的评价分析图、前 100 名出版社占有比例图、前 10 名的价格走势图以及前 10 名的图书名称列表。然后创建 show_attention_book_name()方法，用于显示已经关注的图书名称。代码如下：

```python
def show_message(self):
    # 获取排行第1名的商品id
    top1_id = mysql.query_top1_id(cur)
    # 销量前10名图书名称的列表
    list = mysql.query_top10_book_name(cur)
    good, time = mycrawl.get_evaluation(0, top1_id)
    # 创建饼图画布
    pie = PlotCanvas()
    # 销量第1名的图书名称
    top1_name = list[0]
    # 显示销量第1名的评价分析图
    pie.pie_chart(good, (100 - good), top1_name)
    # 将评价分析图添加至布局中
    self.pie_horizontalLayout.addWidget(pie)
    # 创建水平条形图画布
    bar = PlotCanvas()
    # 查询出版社名称及数量的SQL语句
    query_sql = "select press,count(*) from sales_volume_rankings group by press"
    # 查询出版社名称及对应的比例数量
    number, press = mysql.query_press_proportion(cur,query_sql)
    # 显示前100名出版社占有比例图
    bar.bar(number, press,"前100名出版社占有比例")
    # 将出版社占有比例的水平条形图添加至布局中
    self.pie_horizontalLayout.addWidget(bar)
    # 获取前10名图书的京东价
    str_y = mysql.query_top10_jd_price(cur)
    # 将数据库中的价格字符串列表转换为浮点类型的列表
    y = [float(f) for f in str_y]
    # 创建画布对象
    line = PlotCanvas()
    # 显示前10名价格折线图
    line.broken_line(y)
    self.line_horizontalLayout.addWidget(line)  # 将折线图添加至水平布局当中
    model = QtCore.QStringListModel()  # 创建字符串列表模式
    model.setStringList(list)  # 设置字符串列表
    self.listView.setModel(model)  # 设置模式

def show_attention_book_name(self,attention_number):
    self.treeWidget.topLevelItem(3).child(0).setText(0, "无")
    self.treeWidget.topLevelItem(3).child(1).setText(0, "无")
    self.treeWidget.topLevelItem(3).child(2).setText(0, "无")
    # 关注图书的数据库中如果存在数据，就获取关注的图书名称并显示出来
    if attention_number!=0:
        for i in range(attention_number):
            name = mysql.query_attention(cur, 'book_name',
                    sales_volume_rankings_table_name, "attention = '1'")[i][0]
            self.treeWidget.topLevelItem(3).child(i).setText(0, name)
    mysql.close_sql()  # 关闭数据库
```

（5）打开窗体控制文件 show_window.py，在该文件的右键菜单中单击 Run 'show_window'将显示图 10-35 所示的主窗体数据显示界面。

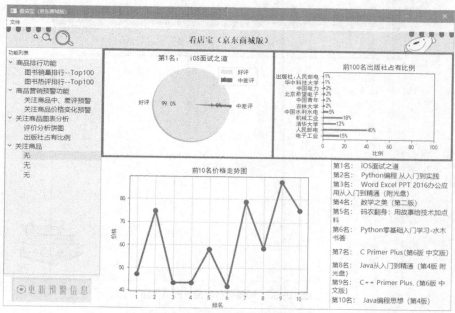

图 10-35　主窗体数据显示界面

10.9　商品排行展示

商品排行展示

商品排行数据在 10.8 节显示主窗体数据时，就已经被存进数据库当中，接下来就是需要分别将销量排行与热评排行的数据从数据库中查找出来，然后将这些数据显示在各自的窗体当中即可。

10.9.1　热销商品排行榜

在显示销量排行数据时，需要先创建一个显示该数据的窗体，并在该窗体中通过表格控件将排行数据显示出来。具体步骤如下。

（1）打开 Qt Designer 工具，首先将主窗体最大尺寸与最小尺寸设置为 800×600，并在主窗体中移除默认添加的状态栏（status bar）与菜单栏（menu bar）。然后向窗体中拖入 1 个 QTableWidget 控件，用于以表格的方式显示图书排行信息。再拖曳 1 个 QLabel 控件，用于显示排行榜的标题文字。预览效果如图 10-36 所示。

（2）窗体设计完成以后，保存为 sales_window.ui 文件，然后将该文件转换为 sales_window.py 文件，转换完成以后打开 sales_window.py 文件，导入数据库操作文件与 PyQt5.QtGui 中的调色板、位图以及颜色模块，然后创建数据库对象及数据库操作类中的相关方法。代码如下：

```
from mysql import MySQL # 导入数据库操作文件
from PyQt5.QtGui import QPalette, QPixmap, QColor # 导入调色板、位图、颜色

# 创建自定义数据库对象
mysql = MySQL()
# 连接数据库
```

```
sql = mysql.connection_sql()
# 创建游标
cur = sql.cursor()
```

图 10-36　销量排行榜窗体预览界面

（3）将默认生成的"Ui_MainWindow"类修改为"Sales_MainWindow"，在 setupUi()方法中，为 self.centralwidget 控件设置背景图片，关键代码如下：

```
# 开启自动填充背景
self.centralwidget.setAutoFillBackground(True)
palette = QPalette()  # 调色板类
palette.setBrush(QPalette.Background,
            QtGui.QBrush(QtGui.QPixmap('img/rankings_bg.png')))  # 设置背景图片
self.centralwidget.setPalette(palette)  # 为控件设置对应的调色板即可
```

（4）在数据库中获取销量排行前 100 名数据信息，然后设置 QTableWidget 控件的相关属性与背景透明。关键代码如下：

```
# 获取销量排行前100名数据信息
row, column, results = mysql.query_top100_rankings(cur, 'sales_volume_rankings')
self.tableWidget = QtWidgets.QTableWidget(self.centralwidget)
self.tableWidget.setGeometry(QtCore.QRect(0, 69, 800, 530))
# 设置表格内容不可编辑
self.tableWidget.setEditTriggers(QtWidgets.QAbstractItemView.NoEditTriggers)
self.tableWidget.verticalHeader().setHidden(True)  # 隐藏行号
self.tableWidget.setRowCount(row)  # 根据数据库内容设置表格行
self.tableWidget.setColumnCount(column)  # 设置表格列
# 设置表格头部
self.tableWidget.setHorizontalHeaderLabels(['排名', '书名', '京东价', '定价', '出版社'])
self.tableWidget.setStyleSheet("background-color:rgba(0,0,0,0)") # 设置背景透明
# 根据窗体大小拉伸表格
self.tableWidget.horizontalHeader().setSectionResizeMode(
                                QtWidgets.QHeaderView.ResizeToContents)
```

（5）遍历获取的销量排行信息，并将信息显示在表格当中，当数据提取完毕后关闭数据库。关键代码如下：

```
    for i in range(row):
        for j in range(column):
            temp_data = results[i][j]  # 临时记录，不能直接插入表格
            data = QtWidgets.QTableWidgetItem(str(temp_data))  # 转换后可插入表格
            self.tableWidget.setItem(i, j, data)  # 将信息显示在表格当中
# 设置表格内容文字大小
font = QtGui.QFont()
font.setPointSize(12)
self.tableWidget.setFont(font)
mysql.close_sql()  # 提取完数据以后关掉数据库
self.tableWidget.setObjectName("tableWidget")
```

10.9.2 热门商品展示

根据 10.9.1 节的操作步骤创建一个显示热评排行榜的窗体，该窗体与销量排行窗体设计相同，只是标题文字不同。设计完成以后，保存为 heat_window.ui 文件，然后将该文件转换为 heat_window.py 文件，转换完成以后打开 heat_window.py 文件，首先将默认生成的"Ui_MainWindow"类修改为"Heat_MainWindow"，然后在数据库中获取热评排行信息，再将该信息显示在表格当中，其他代码与销量排行窗体中的代码相同。获取热评信息的代码如下：

```
# 获取热评排行前100名数据信息
row, column, results = mysql.query_top100_rankings(cur, 'heat_rankings')
```

用于显示销量排行与热评排行的窗体创建完成以后，需要在窗体控制文件中，实现单击左侧商品排行功能列表时显示对应的排行窗体。具体步骤如下：

（1）打开 show_window.py 文件，导入销量排行榜与热评排行榜窗体文件中的 ui 类，然后创建 messageDialog()方法，用于显示消息提示框。代码如下：

```
from PyQt5 import QtWidgets, QtCore, QtGui
from sales_window import Sales_MainWindow  # 导入销量排行榜窗体文件中的ui类
from heat_window import Heat_MainWindow  # 导入热评排行榜窗体文件中的ui类


# 显示消息提示框，参数title为提示框标题文字，message为提示信息
def messageDialog(title, message):
    msg_box = QtWidgets.QMessageBox(QtWidgets.QMessageBox.Warning, title, message)
    msg_box.exec_()
```

（2）在主窗体初始化类的下面，分别创建销量排行榜与热评排行榜初始化类，并且分别创建打开窗体的方法。代码如下：

```
# 销量排行榜窗体初始化类
class Sales(QMainWindow, Sales_MainWindow):
    def __init__(self):
        super(Sales, self).__init__()
        self.setupUi(self)

    # 打开销量排行榜窗体
    def open(self):
        self.show()


# 热评排行榜窗体初始化类
class Heat(QMainWindow, Heat_MainWindow):
```

```
    def __init__(self):
        super(Heat, self).__init__()
        self.setupUi(self)

    # 打开热评排行榜窗体
    def open(self):
        self.show()
```

（3）在主窗体初始化类 __init__() 方法的下面，创建 tree_itemClicked() 方法，该方法为左侧功能列表的单击事件处理方法。代码如下：

```
# 左侧功能列表的单击事件处理方法
def tree_itemClicked(self):
    # 树形菜单item对象
    item = self.treeWidget.currentItem()
    if item.text(0) == '图书销量排行--Top100':
        sales.open() # 打开销量排行榜窗体

    if item.text(0) == '图书热评排行--Top100':
        heat.open()  # 打开热评排行榜窗体
```

（4）在程序入口处“if __name__ == '__main__':”当中，显示主窗体代码的下面分别创建销量排行榜窗体与热评排行榜窗体的对象，然后指定左侧功能列表的单击事件处理方法。关键代码如下：

```
# 销量排行榜窗体对象
sales = Sales()
# 热评排行榜窗体对象
heat = Heat()
# 指定左侧功能列表的单击事件处理方法
main.treeWidget.itemClicked['QTreeWidgetItem*', 'int'].connect(main.tree_itemClicked)
```

（5）运行 show_window.py 文件，在主窗体中单击左侧功能列表中的“图书销量排行--Top100”将显示图 10-37 所示的销量排行榜窗体。

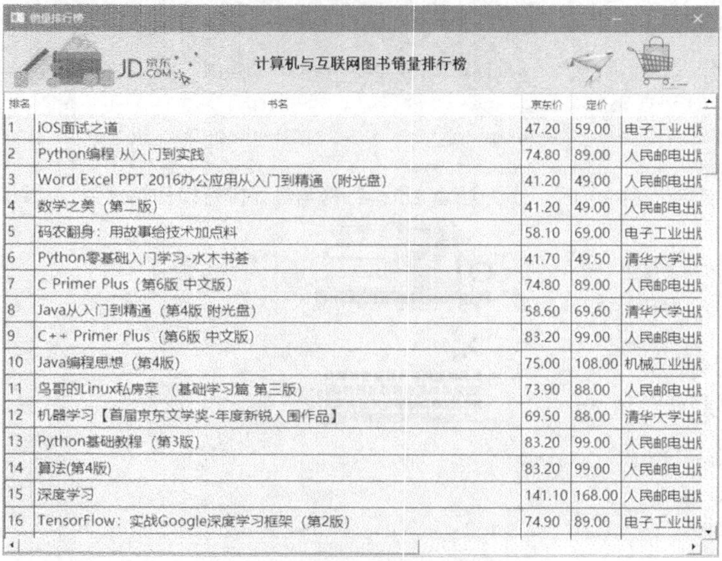

图 10-37　销量排行榜窗体

在主窗体中单击左侧功能列表中的“图书热评排行--Top100”将显示图 10-38 所示的热评排行榜窗体。

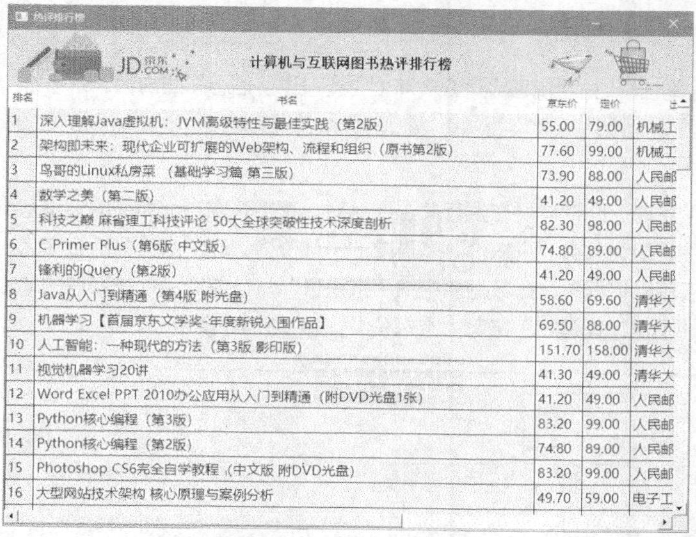

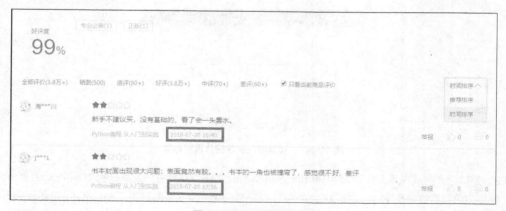

排名	书名	京东价	定价	出
1	深入理解Java虚拟机：JVM高级特性与最佳实践（第2版）	55.00	79.00	机械工
2	架构即未来：现代企业可扩展的Web架构、流程和组织（原书第2版）	77.60	99.00	机械工
3	鸟哥的Linux私房菜（基础学习篇 第三版）	73.90	88.00	人民邮
4	数学之美（第二版）	41.20	49.00	人民邮
5	科技之巅 麻省理工科技评论 50大全球突破性技术深度剖析	82.30	98.00	人民邮
6	C Primer Plus（第6版 中文版）	74.80	89.00	人民邮
7	锋利的jQuery（第2版）	41.20	49.00	人民邮
8	Java从入门到精通（第4版 附光盘）	58.60	69.60	清华大
9	机器学习【首届京东文学奖-年度新锐入围作品】	69.50	88.00	清华大
10	人工智能：一种现代的方法（第3版 影印版）	151.70	158.00	清华大
11	视觉机器学习20讲	41.30	49.00	清华大
12	Word Excel PPT 2010办公应用从入门到精通（附DVD光盘1张）	41.20	49.00	人民邮
13	Python核心编程（第3版）	83.20	99.00	人民邮
14	Python核心编程（第2版）	74.80	89.00	人民邮
15	Photoshop CS6完全自学教程（中文版 附DVD光盘）	83.20	99.00	人民邮
16	大型网站技术架构 核心原理与案例分析	49.70	59.00	电子工

图 10-38　热评排行榜窗体

10.10　关注商品

关注商品

10.10.1　分析关注商品的预警信息

在实现关注商品功能的时候，需要先分析一下关注商品的预警信息，否则关注某种商品将没有起到关注的意义。例如，在关注某个商品时需要记录当前商品最新的中评信息、差评信息以及当前商品的京东价，这样在查看商品预警信息时，需要使用关注商品最新的预警信息与之前关注时所记录的信息进行比较，即可实现预警功能。

1. 评价预警

在分析评价预警信息时，首先需要实现当执行关注某个商品时，直接获取当前商品的"中评"以及"差评"最新的评价信息并将该信息保存至数据库对应的字段当中。最好的方式就是根据时间排序去获取评价信息的时间，然后根据数据库中关注时评价的时间与当前商品现在获取的评价时间进行比较，查看是不是出现了新的中评或差评，对比评价时间如图 10-39 所示。

图 10-39　对比评价时间

在获取评价时间信息时，可以参见 10.7 节中"爬取评价信息"的内容。

2. 价格预警

在分析价格预警信息时，同样需要在执行关注商品时，直接获取当前商品的"京东价"并将该信息保存至数据库对应的字段当中，因为只有"京东价"是当前的销售价格，而"定价"不会变化，所以不需要进行"定价"的预警提示。然后可以根据关注时数据库中的"京东价"与当前商品现在获取的"京东价"进行比较并且计算出"京东价"是"上浮"还是"下降"，"京东价"如图 10-40 所示。

图 10-40　京东价

在获取"京东价"信息时，可以参见 10.7 节中"爬取价格信息"的内容。

10.10.2　重点商品的关注与取消

在实现商品关注与取消时，需要先设计一个用于确认是否关注某商品的窗体，当确认关注商品以后，该商品的名称显示在主窗体"功能列表"的"关注商品"当中。实现的具体步骤如下。

（1）打开 Qt Designer 工具，首先将主窗体最大尺寸与最小尺寸设置为 400×200，并在主窗体中移除默认添加的状态栏（status bar）与菜单栏（menu bar）。然后向窗体中拖入 1 个 QLineEdit 控件，用于显示需要关注商品的名称。再向窗体中拖入 2 个 QPushButton 控件，分别用于确认关注与取消关注的按钮。确认商品关注窗体的预览效果如图 10-41 所示。

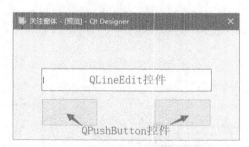

图 10-41　确认商品关注窗体预览效果

（2）窗体设计完成以后，保存为 attention_window.ui 文件，然后将该文件转换为 attention_window.py 文件，转换完成以后打开该文件，将默认生成的类"Ui_MainWindow"修改为"Attention_MainWindow"。

（3）打开 show_window.py 文件，首先导入关注窗体文件中的 ui 类、爬取信息文件、数据库操作文件，然后定义数据表名称的字符串、销量排行榜与热评排行榜的网络请求地址，代码如下：

```python
from attention_window import Attention_MainWindow  # 导入关注窗体文件中的ui类
from crawl import Crawl  # 导入自定义爬取文件
from mysql import MySQL  # 导入自定义数据库文件
from PyQt5 import QtWidgets, QtCore, QtGui
import requests  # 导入网络请求模块
from PyQt5.QtGui import QPalette  # 导入调色板


# 销量排行榜数据表名称
sales_volume_rankings_table_name = 'sales_volume_rankings'
# 热评排行榜数据表名称
heat_rankings_table_name = 'heat_rankings'
# 计算机与互联网图书销量排行榜地址
sales_volume_url = \
    'http://book.jd.com/booktop/0-0-0.html?category=3287-0-0-0-10001-{page}'
# 计算机与互联网图书热评排行榜地址
heat_rankings_url = \
    'http://book.jd.com/booktop/0-0-1.html?category=3287-0-0-1-10001-{page}'
```

（4）在热评排行榜窗体初始化类的下面，创建关注窗体的初始化类，在该类中包含按钮事件处理的方法以及获取关注图书的预警信息并进行关注的方法。代码如下：

```python
class Attention(QMainWindow, Attention_MainWindow):
    def __init__(self):
        super(Attention, self).__init__()
        self.setupUi(self)

    # 打开关注窗体
    def open(self):
        self.show()

    # 按钮"是"的单击事件处理
    def pushButton_yes_click(self):
        self.insert_attention_message()

    # 按钮"否"的单击事件处理
    def pushButton_no_click(self):
        self.close()  # 关闭关注窗体

    # 获取关注图书的预警信息,并进行关注
    def insert_attention_message(self):
        # 关注表格中图书所对应的商品id,因为表格数据与数据库内容相同
        # 表格中的第0行是数据库中商品id为1的数据
        rows = sales.tableWidget.currentItem().row() + 1
        # 准备关注的图书名称
        name = sales.tableWidget.currentItem().text()
        # 查询已经关注的图书数量
        attention_number = \
            mysql.query_attention(cur, 'count(*)',
                        sales_volume_rankings_table_name, "attention = '1'")[0][0]
        # 根据商品id查询图书是否已关注
        is_attention = \
```

```
          mysql.query_attention(cur, 'attention',
                 sales_volume_rankings_table_name, "id={id}".format(id=rows))[0][0]
    # 查询已关注图书的jd_id
    jd_id = mysql.query_attention(cur, 'jd_id',
                 sales_volume_rankings_table_name, "id={id}".format(id=rows))[0][0]
    # 获取好评率与中评最新的时间
    good_rate, middle_time = mycrawl.get_evaluation(2, jd_id)
    # 获取差评最新的时间
    good_rate, poor_time = mycrawl.get_evaluation(1, jd_id)
    # 获取关注商品的现在价格
    price = mysql.query_attention(cur, 'jd_price',
                 sales_volume_rankings_table_name, "id={id}".format(id=rows))[0][0]
    # 判断是否有已经关注的图书
    if is_attention != '1':
        if attention_number <= 2:
            up = "middle_time='{mi_time}',poor_time='{p_time}'," \
                "attention_price='{an_price}',attention='1'".format(
                mi_time=middle_time,
                p_time=poor_time, an_price=price)
            # 更新数据库中的关注信息
            mysql.update_attention(cur, sales_volume_rankings_table_name,
                              up, " id = {id}".format(id=rows))
            main.treeWidget.topLevelItem(3).child(attention_number).setText(0, name)
            print('已关注图书《' + name + '》!')
            self.close()
        else:
            messageDialog('警告! ', '仅可以关注3本图书! ')
            print('仅可以关注3本图书! ')
            self.close()
    else:
        messageDialog('警告! ', '不可以关注相同的图书! ')
        self.close()
        print('不可以关注相同的图书! ')
```

在编写该步骤中的代码时，可能会出现红色浪线的情况，那是因为还没有实现 mysql、cur、mycrawl 对象类的原因，在接下来的步骤中将创建对应的对象类代码，加上这些代码即可显示正常。

（5）依次创建取消关注窗体的初始化类，代码如下：

```
class Cancel_Attention(QMainWindow, Attention_MainWindow):
    def __init__(self):
        super(Cancel_Attention, self).__init__()
        self.setupUi(self)

        # 打开窗体

    def open(self):
        self.show()

    # 按钮"是"的单击事件处理
```

```
def pushButton_yes_click(self, id):
    # 在数据库中取消关注标记
    mysql.update_attention(cur, sales_volume_rankings_table_name,
                    "attention='0'", " id = {id}".format(id=id))
    main.up_show_attention_name()
    self.close()

    # 按钮 "否" 的单击事件处理
    def pushButton_no_click(self):
        self.close()
```

（6）在主窗体初始化类的 tree_itemClicked() 方法中，打开热评排行榜窗体代码的下面，查询已经关注图书的名称，然后判断选中的图书名称与关注的图书名称是否相同，如果相同就打开取消关注的窗体，单击确认按钮后取消对该商品的关注。关键代码如下：

```
# 查询已经关注的图书数量
attention_number = \
    mysql.query_attention(cur, 'count(*)',
                    sales_volume_rankings_table_name, "attention = '1'")[0][0]
# 查询已经关注的图书信息在数据库中的商品id
attention_id = mysql.query_attention(cur, 'id',
                    sales_volume_rankings_table_name, "attention = '1'")
if attention_number != 0:
    for i in range(attention_number):
        # 查询已经关注的图书名称
        name = mysql.query_attention(cur, 'book_name',
                    sales_volume_rankings_table_name,"attention = '1'")[i][0]
        # 判断选中的名称与关注的名称是否相同
        if item.text(0) == name:
            # 显示取消关注的图书名称
            cancel_attention.lineEdit.setText(item.text(0))
            # 开启自动填充背景
            cancel_attention.centralwidget.setAutoFillBackground(True)
            palette = QPalette()  # 调色板类
            palette.setBrush(QPalette.Background,QtGui.QBrush(
                QtGui.QPixmap('img/cancel_attention_bg.png')))  # 设置背景图片
            # 为控件设置对应的调色板即可
            cancel_attention.centralwidget.setPalette(palette)
            cancel_attention.pushButton_yes.\
                setStyleSheet("background-color:rgba(244,244,244,2)")  # 设置背景透明
            cancel_attention.pushButton_yes.\
                setIcon(QtGui.QIcon('img/yes_btn.png'))  # 设置确认关注按钮的背景图片
            cancel_attention.pushButton_yes.\
                setIconSize(QtCore.QSize(100, 50))  # 设置按钮背景图片大小
            cancel_attention.pushButton_no.\
                setStyleSheet("background-color:rgba(244,244,244,2)")  # 设置背景透明
            cancel_attention.pushButton_no.\
                setIcon(QtGui.QIcon('img/no_btn.png'))  # 设置确认关注按钮的背景图片
            cancel_attention.pushButton_no.\
                setIconSize(QtCore.QSize(100, 50))  # 设置按钮背景图片大小
            # 打开取消关注的窗体
            cancel_attention.open()
```

```
        # 确认取消关注的按钮的单击事件
        cancel_attention.pushButton_yes.clicked.connect(
            lambda: cancel_attention.pushButton_yes_click(attention_id[i][0]))
        cancel_attention.pushButton_no.clicked.connect(
            cancel_attention.pushButton_no_click)
        print('已取消关注图书' + item.text(0) + '!')
        break
```

（7）在 Main 类的 tree_itemClicked() 方法的下面，创建 up_show_attention_name() 方法，用于更新关注图书名称的显示。代码如下：

```
def up_show_attention_name(self):
    attention_number = mysql.query_attention(cur, 'count(*)',
                    sales_volume_rankings_table_name, "attention = '1'")[0][0]
    main.treeWidget.topLevelItem(3).child(0).setText(0, "无")
    main.treeWidget.topLevelItem(3).child(1).setText(0, "无")
    main.treeWidget.topLevelItem(3).child(2).setText(0, "无")
    # 关注图书的数据库中如果存在数据，就获取关注的图书名称并显示出来
    if attention_number != 0:
        for i in range(attention_number):
            name = mysql.query_attention(cur, 'book_name',
                        sales_volume_rankings_table_name,"attention = '1'")[i][0]
            main.treeWidget.topLevelItem(3).child(i).setText(0, name)
```

（8）在销量排行榜窗体的初始化类的 __init__() 方法的下面，创建 sales_itemDoubleClicked() 方法，用于定义销量排行榜窗体双击事件的处理方法。代码如下：

```
# 销量排行榜窗体双击事件处理方法
def sales_itemDoubleClicked(self):
    item = self.tableWidget.currentItem()  # 表格item对象
    # 判断是否是书名列
    if item.column() == 1:
        # 获取书名，并将书名显示在关注窗体的编辑框内
        attention.lineEdit.setText(item.text())
        # 开启自动填充背景
        attention.centralwidget.setAutoFillBackground(True)
        palette = QPalette()  # 调色板类
        palette.setBrush(QPalette.Background, QtGui.QBrush(
            QtGui.QPixmap('img/attention_bg.png')))  # 设置背景图片
        attention.centralwidget.setPalette(palette)  # 为控件设置对应的调色板即可
        # 设置背景透明
        attention.pushButton_yes.setStyleSheet("background-color:rgba(0,0,0,0)")
        # 设置确认关注按钮的背景图片
        attention.pushButton_yes.setIcon(QtGui.QIcon('img/yes_btn.png'))
        # 设置按钮背景图片大小
        attention.pushButton_yes.setIconSize(QtCore.QSize(100, 50))
        # 设置背景透明
        attention.pushButton_no.setStyleSheet("background-color:rgba(0,0,0,0)")
        # 设置确认关注按钮的背景图片
        attention.pushButton_no.setIcon(QtGui.QIcon('img/no_btn.png'))
        # 设置按钮背景图片大小
        attention.pushButton_no.setIconSize(QtCore.QSize(100, 50))
        attention.open()  # 显示关注窗体
```

（9）在程序入口 "if __name__ == '__main__':" 代码的下面，创建数据库操作对象与相关的方法。关键

代码如下：

```
# 创建自定义数据库操作对象
mysql = MySQL()
# 创建爬取对象
mycrawl = Crawl()
# 连接数据库
sql = mysql.connection_sql()
# 创建游标
cur = sql.cursor()
```

（10）在程序入口中，热评排行榜窗体对象代码的下面，添加关注窗体对象与取消关注窗体对象。关键代码如下：

```
# 关注窗体对象
attention = Attention()
# 取消关注窗体对象
cancel_attention = Cancel_Attention()
```

（11）在程序入口中，指定左侧功能列表的事件处理方法代码的下面，分别添加指定销量排行榜表格的双击事件处理方法、指定关注窗体按钮"是"的单击事件处理方法以及指定关注窗体按钮"否"的单击事件处理方法。关键代码如下：

```
# 指定销量排行榜表格的双击事件处理方法
sales.tableWidget.itemDoubleClicked.connect(sales.sales_itemDoubleClicked)
# 指定关注窗体按钮"是"的单击事件处理方法
attention.pushButton_yes.clicked.connect(attention.pushButton_yes_click)
# 指定关注窗体按钮"否"的单击事件处理方法
attention.pushButton_no.clicked.connect(attention.pushButton_no_click)
```

（12）运行 show_window.py 文件，在销量排行榜窗体中双击需要关注的商品，将显示图 10-42 所示的确认关注窗体。单击左侧的确认按钮，在主窗体 → 功能列表 → 关注商品中将显示已经关注商品的名称，如图 10-43 所示。

图 10-42　显示确认关注窗体

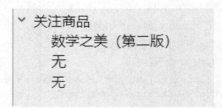

图 10-43　显示已经关注商品的名称

单击主窗体 → 功能列表 → 关注商品中所显示的商品名称，将显示图 10-44 所示的确认取消关注窗体，此时单击左侧的确认按钮，关注商品列表中将移除对应的商品，如图 10-45 所示。

图 10-44　确认取消关注窗体

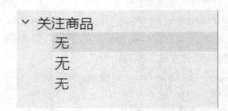

图 10-45　移除已经关注的商品

10.11　商品营销预警

商品营销预警

实现了商品关注的功能以后，需要完成关注商品的预警功能。中、差评预警可以实时查看关注商品当前是否有了新的中、差评价信息，方便商家及时回复。价格预警信息可以方便商家了解商品当前的京东价变化是"上涨"或者是"下浮"。

10.11.1　商品中、差评预警

在实现关注商品中、差评预警功能时，首先需要创建 1 个中、差评预警窗体，在该窗体中以表格的形式显示当前已经关注的商品名称，并且在商品名称所对应的位置显示当前是否有新的中、差评价信息。实现的具体步骤如下。

（1）打开 Qt Designer 工具，首先将主窗体最大尺寸与最小尺寸设置为 600×180，并在主窗体中移除默认添加的状态栏（status bar）与菜单栏（menu bar）。然后向窗体中拖入 1 个 QTableWidget 控件，设置表格为 3 行 3 列，并设置列名称与字体加粗，最后设置行的默认高度为 50，列的默认宽度为 199。预览效果如图 10-46 所示。

关注图书的名称	最新的中评信息	最新的差评信息
无	无	无
无	无	无
无	无	无

图 10-46　预览评价预警窗体

（2）窗体设计完成以后，保存为 evaluate_warning_window.ui 文件，然后将该文件转换为 evaluate_warning_window.py 文件，转换完成以后打开该文件，将默认生成的类"Ui_MainWindow"修改为"Evaluate_Warning_MainWindow"，然后导入调色板模块，最后在 setupUi() 方法中，为 self.centralwidget 控件设置背景图片，关键代码如下：

```
# 开启自动填充背景
self.centralwidget.setAutoFillBackground(True)
palette = QPalette()  # 调色板类
palette.setBrush(QPalette.Background,
        QtGui.QBrush(QtGui.QPixmap('img/evaluate_warning_bg.png')))  # 设置背景图片
self.centralwidget.setPalette(palette)  # 为控件设置对应的调色板即可
```

（3）为 self.tableWidget 控件设置背景色为透明，代码如下：

```
self.tableWidget.setStyleSheet("background-color:rgba(0,0,0,0)")  # 设置背景透明
```

（4）打开 show_window.py 文件，导入评价预警窗体中的 ui 类。代码如下：

```
from evaluate_warning_window import Evaluate_Warning_MainWindow #导入评价预警窗体中的ui类
```

（5）在取消关注窗体初始化类的下面，创建评价预警窗体初始化类，该类中包含打开窗体的方法以及处理评价预警信息的方法。代码如下：

```
class Evaluate_Warning(QMainWindow, Evaluate_Warning_MainWindow):
    def __init__(self):
        super(Evaluate_Warning, self).__init__()
        self.setupUi(self)
```

```
    # 打开窗体
    def open(self):
        self.show()


    def warning(self):
        warning_list = []    # 保存评价分析后的数据
        # 查询关注图书的信息,其中包含图书名称、中评时间与差评时间
        attention_message = mysql.query_attention(cur,
                    'book_name,middle_time,poor_time,jd_id',
                    sales_volume_rankings_table_name, "attention = '1'")
        # 判断是否有关注图书的信息
        if len(attention_message) != 0:
            middle_time = ''
            poor_time = ''
            for i in range(len(attention_message)):
                # 获取好评率与中评最新的时间
                good_rate, new_middle_time = mycrawl.get_evaluation(2,
                                attention_message[i][3])
                # # 获取差评最新的时间
                good_rate, new_poor_time = mycrawl.get_evaluation(1,
                                attention_message[i][3])
                if attention_message[i][1] == new_middle_time:
                    middle_time = '无'
                else:
                    middle_time = '有'
                if attention_message[i][2] == new_poor_time:
                    poor_time = '无'
                else:
                    poor_time = '有'
                warning_list.append((attention_message[i][0], middle_time, poor_time))
            for i in range(len(attention_message)):
                for j in range(3):
                    temp_data = warning_list[i][j]    # 临时记录,不能直接插入表格
                    data = QtWidgets.QTableWidgetItem(str(temp_data))    # 转换后可插入表格
                    data.setTextAlignment(QtCore.Qt.AlignCenter)
                    evaluate.tableWidget.setItem(i, j, data)
```

（6）在程序入口取消关注窗体对象代码的下面，创建评价预警窗体对象。代码如下：

```
# 评价预警窗体对象
evaluate = Evaluate_Warning()
```

（7）在主窗体初始化类的 tree_itemClicked() 方法中，打开热评排行榜窗体代码的下面，添加用于实现单击左侧功能列表中"关注商品中、差评预警"时显示中、差评预警窗体的代码。代码如下：

```
if item.text(0) == '关注商品中、差评预警':
    evaluate.__init__()    # 初始化
    evaluate.warning()     # 处理评价预警信息
    evaluate.open()        # 打开评价预警窗体
```

（8）运行 show_window.py 文件，在主窗体左侧功能列表中选择"关注商品中、差评预警"选项，将显示图 10-47 所示的中、差评预警窗体。

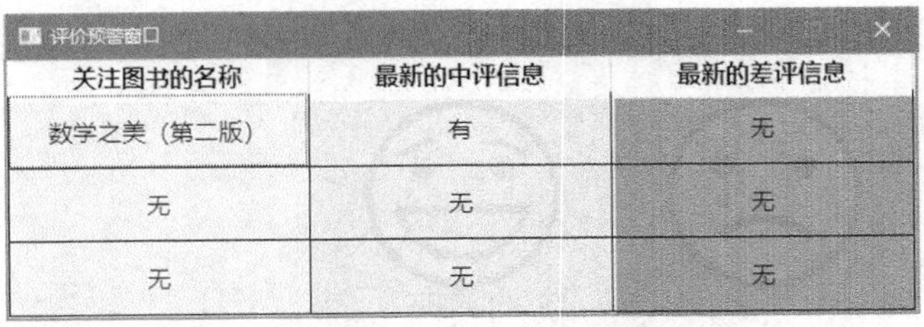

评价预警窗口

关注图书的名称	最新的中评信息	最新的差评信息
数学之美（第二版）	有	无
无	无	无
无	无	无

图 10-47　中、差评预警窗体

10.11.2　商品价格变化预警

实现关注商品价格变化预警与实现关注商品中、差评预警几乎相同，也需要创建一个预警窗体，然后以表格的形式显示京东价的预警信息，只是在信息处理上需要进行价格的比较，然后判断价格是“上涨”还是“下降”。实现的具体步骤如下。

（1）在 Qt Designer 工具中，打开 evaluate_warning_window.ui 文件，然后修改为 3 行 2 列，修改第二列名称为“价格变化信息”，修改后预览效果如图 10-48 所示。

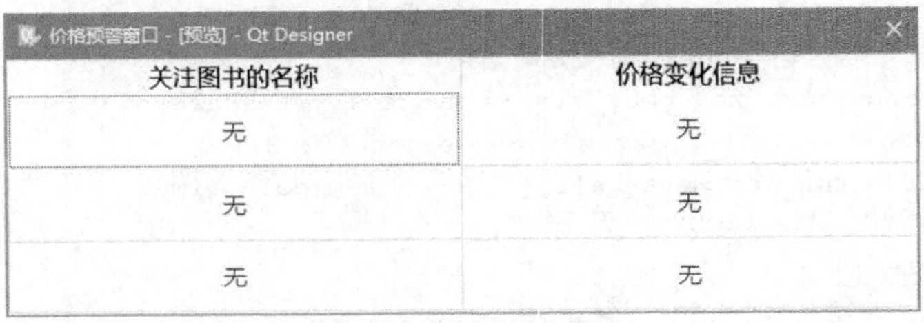

价格预警窗口 - [预览] - Qt Designer

关注图书的名称	价格变化信息
无	无
无	无
无	无

图 10-48　价格变化窗体预览效果

（2）窗体设计完成以后，保存为 price_warning_window.ui 文件，然后将该文件转换为 price_warning_window.py 文件，打开该文件将默认生成的类“Ui_MainWindow”修改为“Price_Warning_MainWindow”，然后先为 self.centralwidget 控件设置背景图片，再为该控件设置背景色为透明。

（3）打开 show_window.py 文件，导入价格预警窗体中的 ui 类，代码如下：

```
from price_warning_window import Price_Warning_MainWindow # 导入价格预警窗体中的ui类
```

（4）在评价预警窗体初始化类的下面，创建价格预警窗体初始化类，该类中包含打开窗体的方法，以及价格信息处理的方法。代码如下：

```
# 价格预警窗体初始化类
class Price_Warning(QMainWindow, Price_Warning_MainWindow):
    def __init__(self):
        super(Price_Warning, self).__init__()
        self.setupUi(self)

    # 打开窗体
    def open(self):
        self.show()
    # 价格信息处理
    def price(self):
        price_list = []  # 保存价格分析后的数据
        # 查询关注图书的信息，其中包含图书的京东价以及商品id
```

```
                attention_message = mysql.query_attention(cur, 'attention_price,jd_id,book_
name',
                                sales_volume_rankings_table_name, "attention = '1'")
        # # # 判断是否有关注图书的信息
        if len(attention_message) != 0:
            jd_id_str = ''
            for i in range(len(attention_message)):
                jd_id = 'J_' + attention_message[i][1] + ','
                jd_id_str = jd_id_str + jd_id
            price_url = 'http://p.3.cn/prices/mgets?type=1&skuIds={id_str}'
            # 将商品id作为参数发送获取前100名图书价格
            response = requests.get(price_url.format(id_str=jd_id_str))
            price_json = response.json()  # 获取价格JSON数据，该数据为列表类型
            change = ''
            for index, item in enumerate(price_json):
                # 京东价
                new_jd_price = item['op']
                if float(attention_message[index][0]) < float(new_jd_price):
                    change = '上涨'
                if float(attention_message[index][0]) == float(new_jd_price):
                    change = '无'
                if float(attention_message[index][0]) > float(new_jd_price):
                    change = '下浮'
                price_list.append((attention_message[index][2], change))
            for i in range(len(attention_message)):
                for j in range(2):
                    temp_data = price_list[i][j]  # 临时记录，不能直接插入表格
                    data = QtWidgets.QTableWidgetItem(str(temp_data))  # 转换后可插入表格
                    data.setTextAlignment(QtCore.Qt.AlignCenter)
                    price.tableWidget.setItem(i, j, data)
```

（5）在程序入口评价预警窗体对象代码的下面，创建价格预警窗体对象。代码如下：

```
# 价格预警窗体对象
price = Price_Warning()
```

（6）在主窗体初始化类的 tree_itemClicked() 方法中，打开评价预警窗体代码的下面，添加用于实现单击左侧功能列表中"关注商品价格变化预警"时显示价格变化预警窗体的代码。代码如下：

```
if item.text(0) == '关注商品价格变化预警':
    price.__init__()    # 初始化
    price.price()       # 处理价格预警信息
    price.open()        # 打开价格预警窗体
```

（7）运行 show_window.py 文件，在主窗体左侧功能列表中选择"关注商品价格变化预警"选项，将显示图 10-49 所示的价格变化预警窗体。

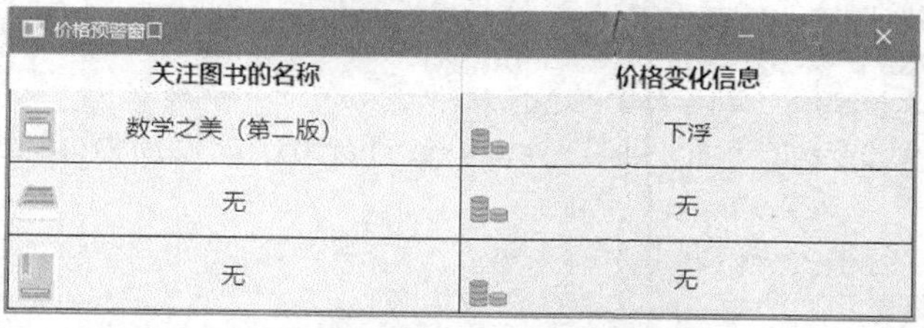

图 10-49　图书价格变化预警窗体

10.12　关注商品图表分析

因为在 10.8 节中已经创建了图表文件，该文件中已经包含饼图、水平条形图以及直线图。所以在实现关注商品图表分析时，只需要获取关注商品的评价信息与出版社占有比例的信息，然后根据获取的信息，显示评价分析的饼图与出版社占有比例的水平条形图即可。

10.12.1　关注商品评价分析饼图

在实现关注商品评价分析饼图时，首先需要创建 1 个窗体，然后在这个窗体中显示已经关注商品的评价分析饼图。实现的具体步骤如下。

（1）打开 Qt Designer 工具，首先将主窗体最大尺寸与最小尺寸设置为 390×310，并在主窗体中移除默认添加的状态栏（status bar）与菜单栏（menu bar）。然后向窗体中拖入 1 个 QTabWidget 控件，设置该控件显示 3 页，字体为粗体。接下来再向 QTabWidget 控件的每个显示页中分别添加 1 个水平布局（Horizontal Layout）。设计效果如图 10-50 所示。

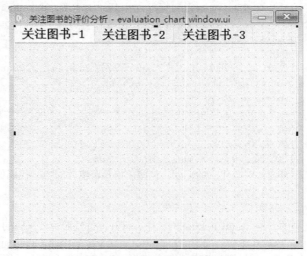

图 10-50　评价分析饼图窗体设计

（2）窗体设计完成以后，保存为 evaluation_chart_window.ui 文件，然后将该文件转换为 evaluation_chart_window.py 文件，转换完成以后打开该文件，将默认生成的类 "Ui_MainWindow" 修改为 "Evaluation_Chart_MainWindow"，然后导入图表文件中的画布类、数据库操作文件以及爬取文件。代码如下：

```
from chart import PlotCanvas # 导入自定义图表文件中的画布类
from mysql import MySQL      # 导入自定义数据库文件
from crawl import Crawl      # 导入自定义爬取文件
```

（3）在 retranslateUi() 方法的下面，创建 evaluation_chart() 方法，用于显示关注商品的评价分析图。代码如下：

```
def evaluation_chart(self):
    # 销量排行榜数据表名称
    sales_volume_rankings_table_name = 'sales_volume_rankings'
```

```
        # 热评排行榜数据表名称
        heat_rankings_table_name = 'heat_rankings'
        # 创建自定义数据库对象
        mysql = MySQL()
        # 创建爬取对象
        mycrawl = Crawl()
        # 连接数据库
        sql = mysql.connection_sql()
        # 创建游标
        cur = sql.cursor()
        good_rate_list = []  # 好评率列表
        # 查询关注图书的信息中的商品id
        attention_message = mysql.query_attention(cur, 'jd_id,book_name',
                             sales_volume_rankings_table_name, "attention = '1'")
        for i in range(len(attention_message)):
            # 获取好评率与评价时间
            good_rate,time = mycrawl.get_evaluation(0, attention_message[i][0])
            # 将关注的商品名称与好评率添加至列表当中
            good_rate_list.append((attention_message[i][1], good_rate))
            # 关注的第1个商品
            if i == 0:
                plt1 = PlotCanvas()  # 创建画布类对象
                # 显示评价分析饼图
                plt1.pie_chart(good_rate_list[0][1],
                            (100 - good_rate_list[0][1]), good_rate_list[0][0])
                # 将评价分析饼图添加至布局中
                self.horizontalLayout_0.addWidget(plt1)
            # 关注的第2个商品
            if i == 1:
                plt2 = PlotCanvas()
                plt2.pie_chart(good_rate_list[1][1],
                            (100 - good_rate_list[1][1]), good_rate_list[1][0])
                self.horizontalLayout_1.addWidget(plt2)
            # 关注的第3个商品
            if i == 2:
                plt3 =PlotCanvas()
                plt3.pie_chart(good_rate_list[2][1],
                            (100 - good_rate_list[2][1]),good_rate_list[2][0])
                self.horizontalLayout_2.addWidget(plt3)
        mysql.close_sql()  # 关闭数据库
```

（4）首先在 retranslateUi() 方法中，调用步骤（3）中所创建的 evaluation_chart() 方法，否则无法在窗体中显示关注商品的评价分析饼图。然后打开 show_window.py 文件，导入关注商品评价分析窗体中的 ui 类，代码如下：

```
# 导入关注商品评价分析窗体中的ui类
from evaluation_chart_window import Evaluation_Chart_MainWindow
```

（5）在价格预警初始化类的下面，创建评价分析饼图窗体初始化类，该类中包含打开关注商品评价分析窗体的方法。代码如下：

```
# 评价分析饼图窗体初始化类
class Evaluation_Chart(QMainWindow, Evaluation_Chart_MainWindow):
    def __init__(self):
```

```
        super(Evaluation_Chart, self).__init__()
        self.setupUi(self)

    # 打开窗体
    def open(self):
        self.show()
```

（6）在程序入口中，价格预警窗体对象代码的下面，创建评价分析饼图窗体类的对象。代码如下：

```
# 关注图书评价分析饼图窗体对象
evaluation = Evaluation_Chart()
```

（7）在主窗体初始化类的 tree_itemClicked() 方法中，打开价格预警窗体代码的下面，添加用于实现单击左侧功能列表中"评价分析饼图"时显示评价分析饼图窗体的代码。代码如下：

```
if item.text(0) == '评价分析饼图':
    evaluation.__init__()  # 初始化
    evaluation.open()  # 打开评价分析饼图窗体
```

（8）运行 show_window.py 文件，在主窗体左侧功能列表中选择"评价分析饼图"选项，将显示图 10-51 所示的关注商品评价分析饼图窗体。

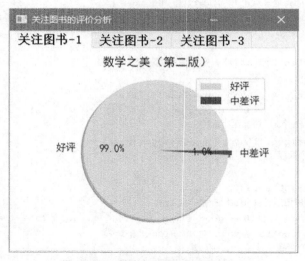

图 10-51　关注商品评价分析饼图窗体

10.12.2　关注商品出版社占有比例

在实现关注商品出版社占有比例时，同样需要创建 1 个窗体，这里使用在 10.12.1 节中创建的评价分析饼图窗体即可。只需要修改窗体的标题名称，然后显示出版社占有比例的水平条形图即可。实现的具体步骤如下。

（1）在 Qt Designer 工具中，打开 evaluation_chart_window.ui 文件，然后修改窗体的标题名称，窗体设计完成以后，保存为 press_bar_window.ui 文件，然后将该文件转换为 press_bar_window.py 文件，打开该文件将默认生成的类"Ui_MainWindow"修改为"Press_Bar_MainWindow"。

（2）导入图表文件中的画布类、数据库操作文件。代码如下：

```
from chart import PlotCanvas  # 导入自定义图表文件中的画布类
from mysql import MySQL  # 导入自定义数据库文件
```

（3）在 retranslateUi() 方法的下面，创建 evaluation_chart() 方法，用于显示关注商品的出版社占有比例图。代码如下：

```python
def evaluation_chart(self):
    # 销量排行榜数据表名称
    sales_volume_rankings_table_name = 'sales_volume_rankings'
    # 创建自定义数据库对象
    mysql = MySQL()
    # 连接数据库
    sql = mysql.connection_sql()
    # 创建游标
    cur = sql.cursor()
    # 获取关注商品的出版社名称与图书名称
    attention_message = mysql.query_attention(cur, 'press,book_name',
                                   sales_volume_rankings_table_name, "attention = '1'")
    for i in range(len(attention_message)):
        query_sql = "select press,count(*) from sales_volume_rankings " \
                "group by press having press = '{name}'". \
            format(name =attention_message[i][0])
        # 查询关注商品出版社占有比例
        number, press = mysql.query_press_proportion(cur,query_sql)
        # 计算其他比例并添加至列表中
        number.append((100-number[0]))
        press.append('其他')
        # 关注的第1个商品
        if i == 0:
            plt1 = PlotCanvas()   # 创建画布类对象
            # 显示出版社占有比例图
            plt1.bar(number,press,attention_message[i][1])
            # 将出版社占有比例图添加至布局中
            self.horizontalLayout_0.addWidget(plt1)
        # 关注的第2个商品
        if i == 1:
            plt2 = PlotCanvas()
            plt2.bar(number, press, attention_message[i][1])
            self.horizontalLayout_1.addWidget(plt2)
        # 关注的第3个商品
        if i == 2:
            plt3 =PlotCanvas()
            plt3.bar(number, press, attention_message[i][1])
            self.horizontalLayout_2.addWidget(plt3)
    mysql.close_sql() #关闭数据库
```

（4）首先在 retranslateUi() 方法中，调用步骤（3）中所创建的 evaluation_chart() 方法，否则无法在窗体中显示出版社占有比例图。然后打开 show_window.py 文件，导入关注商品出版社占有比例窗体中的 ui 类，代码如下：

```python
# 导入关注商品出版社占有比例窗体中的ui类
from press_bar_window import Press_Bar_MainWindow
```

（5）在评价分析饼图窗体初始化类的下面，创建出版社占有比例窗体初始化类，该类中包含打开关注商品出版社占有比例窗体的方法。代码如下：

```python
# 出版社占有比例窗体初始化类
class Press_Bar(QMainWindow, Press_Bar_MainWindow):
    def __init__(self):
        super(Press_Bar, self).__init__()
```

```
        self.setupUi(self)

    # 打开窗体
    def open(self):
        self.show()
```

（6）在程序入口中，关注图书评价分析饼图窗体对象代码的下面，创建出版社占有比例窗体对象。代码如下：

```
# 出版社占有比例窗体对象
press_bar = Press_Bar()
```

（7）在主窗体初始化类的 tree_itemClicked() 方法中，打开评价分析饼图窗体代码的下面，添加用于实现单击左侧功能列表中"出版社占有比例"时显示出版社占有比例窗体的代码。代码如下：

```
if item.text(0) == '出版社占有比例':
    press_bar.__init__()    # 初始化
    press_bar.open()        # 打开出版社占有比例窗体
```

（8）运行 show_window.py 文件，在主窗体左侧功能列表中选择"出版社占有比例"选项，将显示图 10-52 所示的关注商品出版社占有比例窗体。

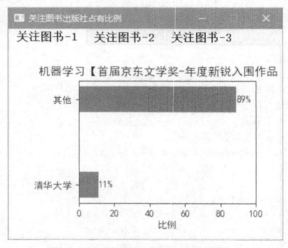

图 10-52　关注商品出版社占有比例窗体

10.13　其他功能

其他功能

　　完成了以上的关键功能以后，接下来需要完成顶部菜单栏中的关于窗体与退出功能。关于窗体中主要显示一些介绍该程序的主要用途以及版本号，然后还需要显示一些联系方式以及开发者的公司。实现的具体步骤如下。

　　（1）打开 Qt Designer 工具，首先将主窗体最大尺寸与最小尺寸设置为 800×400，并在主窗体中移除默认添加的状态栏（status bar）与菜单栏（menu bar）。然后向窗体中拖入 1 个 QLabel 控件，用于显示关于窗体中的信息。

　　（2）窗体设计完成以后，保存为 about_window.ui 文件，然后将该文件转换为 about_window.py 文件，转换完成以后打开该文件，将默认生成的类"Ui_MainWindow"修改为"About_MainWindow"，然后导入 PyQt5.QtGui 中的位图模块。代码如下：

```
from PyQt5.QtGui import QPixmap # 导入位图
```

（3）将需要显示在关于窗体中的信息制作成图片，然后让关于窗体中的 QLabel 控件来显示这张图片，代码如下：

```
img = QPixmap('img/about_bg.png')  # 打开顶部位图
self.label.setPixmap(img)  # 设置位图
```

（4）打开 show_window.py 文件，在出版社占有比例窗体初始化类的下面，创建关于窗体的初始化类，代码如下：

```
# 关于窗体初始化类
class About_Window(QMainWindow, About_MainWindow):
    def __init__(self):
        super(About_Window, self).__init__()
        self.setupUi(self)

    # 打开窗体
    def open(self):
        self.show()
```

（5）在程序入口中，出版社占有比例窗体对象代码的下面，创建关于窗体对象，然后再指定菜单栏"关于"选项的单击事件处理方法，实现关于的打开。代码如下：

```
# 关于窗体对象
about = About_Window()
# 指定菜单栏"关于"选项的单击事件处理方法
main.action_about.triggered.connect(about.open)
```

（6）打开 window_main.py 文件，然后在 setupUi()方法中代码的最下面，指定菜单栏"退出"选项的单击事件处理方法，实现关闭当前窗体。代码如下：

```
# 指定菜单栏"退出"选项的单击事件处理方法,实现关闭当前窗体
self.action_exits.triggered.connect(MainWindow.close)
```

（7）运行 show_window.py 文件，在主窗体顶部菜单栏中单击"关于"选项，将打开图 10-53 所示的关于窗体。然后单击菜单栏中的"退出"选项，将关闭该窗体及主窗体。

图 10-53　关于窗体

小 结

只有把理论知识同具体实际相结合，才能正确回答实践提出的问题，扎实提升读者的理论水平与实战能力。在本章的 Python 项目中，首先通过 PyQt5 框架实现了"看店宝"应用的主窗体，然后通过 Python 强大的爬虫技术获取了京东商城中图书排行榜信息，并将信息保存至 MySQL 数据库当中，最后对数据进行分析并通过可视化的方式显示数据分析的结果以及预警信息的提示工作。在实现该项目时读者需要重点掌握该项目开发时的业务流程，以及项目中数据分析的重点技术。

习 题

10-1 简述 Python 如何进行数据库的操作。

10-2 通过 PyMySQL 模块连接数据库时，京东商家需要注意哪几个事项？